新疆石河子职业技术学院国家示范性高职院校建设项目成果

果蔬加工技术

主　编：粟　萍　赵　群

副主编：姜　黎　李晓华

参　编：张秋霞　李　强

　　　　刘　霞　孙　光

主　审：王树盛　严　健

天津大学出版社

TIANJIN UNIVERSITY PRESS

内容提要

本书主要介绍了果蔬化学成分测定及加工预处理、果蔬罐头加工、果蔬汁加工、果蔬糖制品加工、蔬菜腌制品加工、果蔬干制品加工、果酒加工、果蔬速冻品加工和果蔬综合利用等内容。

本书构思新颖，图文并茂，理论通俗易懂，突出实用性和职业性，注重对学生职业岗位能力的培养。本书可作为高职高专院校食品类专业学生用书，也可作为果蔬加工企业技术人员的参考书。

图书在版编目（CIP）数据

果蔬加工技术／粟萍，赵群主编. —天津：天津大学出版社，2010.11

（新疆石河子职业技术学院国家示范性高职院校建设项目成果）

ISBN 978-7-5618-3198-4

Ⅰ.①果… Ⅱ.①粟… ②赵… Ⅲ.①水果加工—高等学校：技术学校—教材 ②蔬菜加工—高等学校：技术学校—教材 Ⅳ.①TS255.36

中国版本图书馆 CIP 数据核字（2010）第 202111 号

出版发行 天津大学出版社
出 版 人 杨欢
地　　址 天津市卫津路 92 号天津大学内（邮编：300072）
电　　话 发行部：022-27403647　邮购部：022-27402742
网　　址 www.tjup.com
印　　刷 肃宁县科发印刷厂
经　　销 全国各地新华书店
开　　本 185mm×260mm
印　　张 11
字　　数 275 千
版　　次 2010 年 11 月第 1 版
印　　次 2010 年 11 月第 1 次
定　　价 19.80 元

前 言

我国是世界上最大的果蔬生产国，预计到2010年年底，我国的果蔬总产量将分别达到1亿吨和6亿吨。可以看到，一方面自从加入WTO后，我国农产品加工企业的机会和挑战并存；另一方面随着生活水平的提高，人们对果蔬加工产品“安全、天然、新鲜、美味”的要求越来越高。因此，果蔬加工业作为一个新兴产业，在我国农业和农村经济发展中的地位日趋重要，已成为我国广大农村新的经济增长点和极具外向型发展潜力与区域性特色的支柱性产业。可以相信，随着果蔬加工业的发展，其对高技能人才的需求量会越来越大，对人才要求也会越来越高。

果蔬加工技术是食品加工技术专业的核心课程之一，它主要讲授果蔬的各种加工工艺流程、操作要点和加工基本原理，同时还涉及果蔬加工中最直接的技术性问题，具有很强的实用性。

本书的主要特点如下。

(1) 在介绍果蔬加工原料、果蔬加工预处理、果蔬加工工艺及操作要点等相关知识的基础上，重点介绍果蔬罐头（青豆罐头、番茄酱罐头、桃罐头）加工、果蔬汁（柑橘汁、胡萝卜汁）加工、果蔬糖制品（苹果脯、草莓酱）加工、蔬菜腌制品（泡菜）加工、果蔬干制品（自然干制品、人工干制品）加工、果酒（葡萄酒）加工、果蔬速冻品（速冻玉米穗、速冻甜玉米粒）加工和果蔬综合利用（番茄红素的提取、苹果中膳食纤维的提取）。

(2) 从食品专业知识、技能和现场实际操作入手，结合典型的生产加工实例进行讲解，对常出现的质量问题进行分析、控制，使学生了解典型的果蔬加工技术过程以及果蔬加工生产中的卫生管理及其他相关知识。

(3) 充分体现高职高专教育特色，突出实用性、实践性。采取典型学习情境的工作任务教学方式，做到理论由浅入深，循序渐进，贴近具体生活。每个“工作任务详述”前有“情境描述”、“作业质量要求”、“学习目标”、“技能目标”、“所需设备、工具和材料”、“相关知识”，目的是帮助学生理解每个工作任务教学的内容，培养学生综合运用理论知识的能力；每个“工作任务详述”中有“工作过程”、“注意事项”，目的是帮助学生掌握每个工作任务的工艺操作要点，掌握基本的专业技能；每个“工作任务详述”后有“知识和技能考查”，目的是帮助学生及时总结、巩固每个工作任务的基础理论知识，进一步将理论与实践结合，让学生学会自主设计、完成相应的技能题，初步具备工作中应有的创新精神、开拓意识。

(4) 在每一个“工作任务”的最后，还增加了“知识链接”，主要补充课堂之外的小知识，目的是提高学生学习兴趣，扩展学习领域，增加知识内容。

本书由粟萍、赵群整理、统稿并任主编，姜黎、李晓华任副主编，张秋霞、李强为参编人员。新疆石河子神内食品有限公司刘霞、新疆顶津食品有限公司孙光提供了编写的基本资料，新疆石河子职业技术学院党委书记王树盛和新疆石河子天业番茄制品有限公司严健审阅了全书并提出了许多意见和建议。在此，对他们表示衷心的感谢！在编写过程中，编者参考了有关书籍，谨向其编著者表示诚挚的谢意。

由于编者水平有限，收集和组织材料有限，编写时间仓促，疏漏之处在所难免，敬请专家和广大读者批评指正。

编者

2010 年 7 月

目　录

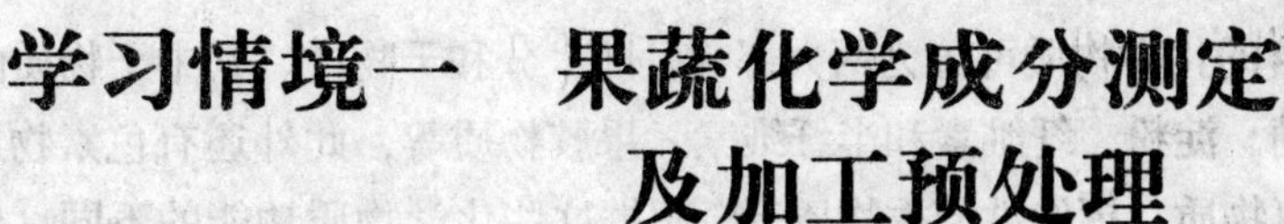

学习情境一 果蔬化学成分测定及加工预处理

工作任务一 果蔬化学成分测定

【情境描述】

完成果蔬品的化学成分的测定，主要包括果蔬中可溶性固形物含量及有机酸含量的测定。

【作业质量要求】

（1）掌握果蔬中各种化学成分的特点和具体含量。

（2）测定果蔬中化学成分（可溶性固形物和有机酸）时，手持糖度仪及滴定操作正确。

【学习目标】

使学生了解果蔬中的化学成分，掌握果蔬中化学成分（可溶性固形物和有机酸）测定的工作原理，熟悉其操作过程。

【技能目标】

通过实训，正确操作手持糖度仪和滴定管，达到作业要求，熟练掌握作业工作过程，能够正确掌握果蔬中各种化学成分的特征，合理调整、使用和维护保养用具。在掌握理论知识的基础上，加大实训操作的力度。

【所需设备、工具和材料】

（1）仪器、器皿：手持式折光仪、研钵、分析天平、漏斗、棉花或滤纸、小刀、白瓷板、卷纸、50 mL 或 10 mL 滴定管、200 mL 容量瓶、20 mL 移液管、100 mL 烧杯。

（2）试剂：蒸馏水、0.1 当量浓度氢氧化钠、1% 酚酞指示剂。

（3）原材：番茄、柑橘、菠萝、桃、杏、葡萄、莴苣等果蔬。

【相关知识】

果蔬的颜色、香味、风味、质地和营养等都是由不同的化学物质决定的。果蔬中的化学物质主要有水分、糖、淀粉、纤维素和半纤维素、果胶物质、有机酸、单宁物质、酶、含氮物质、维生素、色素物质、糖苷、芳香物质、脂质、矿物质等。

一、果蔬中的主要化学物质

各种果蔬都具有特殊的颜色、香味、风味、质地和营养，这是由其组织内的化学物质及其含量的不同而决定的。这些化学物质是保持人体健康不可缺少的物质，但是在果蔬采收后的贮藏过程中会发生量和质的变化，引起果蔬品质的改变，对果蔬的贮藏特性、贮藏寿命产生直接影响。

果蔬中所含的化学物质可分为两大部分，即水分和干物质，其中干物质的主要成分是碳水化合物，包括糖、淀粉、纤维素和半纤维素、果胶物质等，此外还有色素物质、维生素、矿物质、单宁、含氮物质、挥发性芳香物质等。根据这些化学物质功能的不同，果蔬中的化学物质还可分为构成颜色的物质、构成香味的物质、构成风味的物质、构成质地的物质、营养物质和酶。

（一）构成颜色的物质

果蔬中的色素物质一般对光、热、酸、碱等条件敏感，在加工、贮存过程中常因此而变色。许多色素物质的存在共同构成果蔬特有的颜色，它们是判断产品成熟度、鉴定产品品质的重要指标。

1. 叶绿素

叶绿素不溶于水，性质不稳定，在空气中和日光下易被分解而破坏。叶绿素中含镁，遇光照或加热时会分解褪色；在酸性介质中易生成黄褐色的脱镁叶绿素；在碱性介质中较稳定，进一步与碱作用还能生成钠盐，更稳定。当铜、锌、铁取代叶绿素中的镁时，色泽稳定。

2. 类胡萝卜素

类胡萝卜素主要包括胡萝卜素、番茄红素、叶黄素等。类胡萝卜素是一大类脂溶性的色素，对热、酸、碱具有稳定性，但光照和氧气能引起它的分解，使果蔬褪色。类胡萝卜素（胡萝卜素和叶黄素）为一种浅黄至深红色的非水溶性色素，对热较稳定，但在光照或发生氧化作用时（特别在酶的参与下），容易氧化成无色产物，因而导致制品褪色。

3. 花青素

花青素是一种不稳定的水溶性色素，存在于表皮的细胞液中，在果实成熟时合成，是果蔬红、蓝、紫色的主要来源。如苹果、葡萄、李、草莓、心里美萝卜成熟时显示的颜色。花青素是一种感光色素，充足的光照有利于它的形成，在遮阴处生长的果实其色泽的显现就有一定的差距。

花青素常以糖苷形式存在，又称花色苷，是水溶性色素，对光和热极为敏感。在酸性条件下呈红色，中性、微碱为紫色，碱性为蓝色。有色花青素用硫处理可褪色，但此反应可逆，有色和无色花青素可转换。

4. 黄酮类色素

黄酮类色素主要以糖苷形式存在，微溶于水，易溶于碱性溶液，在空气中久置易氧化成褐色沉淀。

（二）构成香味的物质

果蔬具有的香味来源于果蔬中的芳香物质。果蔬的芳香物质是成分繁多而含量极微的油状挥发性混合物。大部分芳香物质为易氧化物质和热敏物质，包括醇、酯、醛、酮、萜类等有机物质，也称精油。不同果蔬的组织中芳香物质的组成及含量不同，使其表现出各自特有的香味。随着果蔬的成熟，芳香物质逐渐合成，完全成熟时含量最多，香味最浓。芳香物质极易挥发而且具有催熟作用，因此果蔬在贮藏过程中应及时通风换气。

（三）构成风味的物质

果蔬风味各异是由于所含风味物质的种类和含量不同。

1. 甜味物质

糖是果蔬味道的重要组成成分之一，果蔬中含糖的种类有所不同。果蔬中含糖量不仅在不同品种之间有较大差别，就是同一品种果蔬随成熟度、地理条件、栽培管理技术的不同，含糖量也有很大的差异。糖是水果、蔬菜贮藏期呼吸的主要基质，同时也是微生物繁殖的有利条件。随着贮藏时间的延长，糖逐渐消耗而减少。所以贮藏过程中糖分的消耗对水果、蔬菜的贮藏特性具有一定的影响。

水果、蔬菜汁液中的可溶性固形物中，糖的比例最大，所以通常用折光糖仪测定可溶性固形物的浓度，用来表示水果中含糖量的高低。一般情况下，含糖量高的果蔬耐贮藏、耐低温；相反，则不耐贮藏。

糖是果蔬中甜味的主要来源，主要有葡萄糖、果糖和蔗糖。在不同种类和品种的果蔬中含糖量差异很大，果蔬的甜味不仅与含糖的总量有关，还与所含糖的种类相关，同时还受到有机酸、单宁等物质的影响。在评定风味时常用糖酸比值（糖/酸）来表示。

2. 酸味物质

果蔬的酸味主要来自有机酸，果蔬主要含有柠檬酸、苹果酸、酒石酸和草酸等多种有机酸。不同的果蔬所含有机酸种类、数量及其存在形式不同。柑橘类、番茄类含柠檬酸较多，苹果、梨、桃、杏、樱桃、莴苣等含苹果酸较多，葡萄含酒石酸较多，而草酸普遍存在于蔬菜中，果品中含量很少。一些蔬菜中所含有机酸的种类如表 1－1 所示。

表 1－1　蔬菜中的有机酸

菠菜	甘蓝	莴苣	甜菜叶	石刁柏	笋
草酸	柠檬酸	苹果酸	草酸	柠檬酸	草酸
苹果酸	苹果酸	柠檬酸	柠檬酸	苹果酸	酒石酸
柠檬酸	琥珀酸	草酸	苹果酸		乳酸
	草酸				柠檬酸
					葡萄醛酸

不同品种的果蔬其总的含酸量与含酸种类不相同，同类果蔬不同品种也有区别。有机酸也是果蔬贮藏期间的呼吸基质之一，贮藏过程中有机酸随着呼吸作用的消耗逐渐减少，使酸味变淡，甚至消失。其消耗的速率与贮藏条件有关。

通常幼嫩的果蔬含酸量较高，随着成熟以及贮藏时间的延长，有机酸直接作为呼吸底物会逐渐被消耗而减少，果蔬的含酸量下降，风味变甜、变淡，果蔬品质及耐贮性也降低。

有机酸的浓度和种类在一定程度上影响果蔬的口味和加工制品生产过程的控制条件。酸可促进蛋白质的热变性，降低杀菌强度，同时影响制品的色泽变化，可使维生素C受到保护；当有一定量的果胶和糖时，酸是形成凝胶的关键条件。

3. 涩味物质

果蔬的涩味主要来自单宁物质。它是几种多酚类化合物的总称，在果实中普遍存在，在蔬菜中含量很少。一般成熟果中单宁含量在0.03%～0.1%之间，与糖和酸的比例适当时能表现酸甜爽口的风味；当单宁含量达0.25%时会感到明显的涩味。

单宁有水溶性和不溶性两种形式。水溶性单宁具有涩味，在未成熟的果实中这种单宁含量居多，引起果实的涩味，原因是味觉细胞的蛋白质遇到单宁后凝固而产生的一种收敛感。随着果蔬的成熟，水溶性单宁的含量下降，涩味减弱，甚至消失。

当果蔬在采收后受到机械伤或贮藏后期果蔬衰老时，单宁物质在多酚氧化酶的作用下发生不同程度的氧化褐变，影响贮藏的质量。因此，在果蔬采收前后应尽量避免机械伤，控制衰老，防止褐变，保持品质，延长贮藏寿命。

单宁物质是一类带有收敛性涩味的多酚类化合物，在果皮和未成熟果中含量较多。氧化酶和单宁在氧的参与下会引起褐变，称为酶促褐变。控制酶促褐变时往往从控制酶和氧入手。此外，单宁遇铁或碱会变黑色，遇锡会变玫瑰色，遇蛋白质会生成不溶物（此法可用于澄清果汁）。

4. 鲜味物质

果蔬的鲜味主要来自一些具有鲜味的含氮物质。果蔬中的含氮物质种类很多，主要是蛋白质和氨基酸。它们遇到还原糖会产生褐色聚合物（其他氨基化合物和羰基化合物之间也有类似反应），导致制品变色，这种反应叫美拉德反应，是食品加工过程中非酶褐变的主要反应。用亚硫酸盐、控制低温、降低pH值、除氧、控制水分等都能有效防止褐变反应。

豆类蛋白质含量为1.9%～13.6%，果品中含氮物质一般在0.2%～1.2%之间。含氮物质对果蔬及其制品的风味有着重要的影响，其中以氨基酸中的L－谷氨酸、L－天冬氨酸、L－谷氨酰胺、L－天冬酰胺最为重要，它们广泛存在于果蔬，如梨、桃、柿子、葡萄、番茄中。

（四）构成质地的物质

果蔬的质地主要体现为脆、绵、硬、软、柔嫩、粗糙、致密、疏松等。在生长发育、成熟、衰老、贮藏的过程中，果蔬的质地会发生很大变化。这种变化既可以作为判断果蔬成熟度、确定采收期的重要依据，又会影响到它的食用品质及贮藏寿命。

1. 水分

新鲜的水果、蔬菜中，水占绝大部分。它是维持果蔬正常生理活性和新鲜品质的必要条件，也是果蔬的重要品质特性之一。果蔬含水量因其种类品种的不同而不同。一般果蔬的含水量在80%～90%之间。西瓜、草莓含水量达90%以上，葡萄含水量为77%～85%，含水量低的山楂为65%左右。大白菜含水量93%～96%，胡萝卜含水量86%～91%，黄瓜含水量94%~97%，大蒜70%左右。

水分是影响果蔬的新鲜度、脆度的重要成分，与果蔬的风味也密切相关。含水量高的果蔬细胞膨压大，使果蔬具有饱满挺拔、色泽鲜亮的外观和口感脆嫩的质地。水是植物完成生命活动过程的必要条件，含水量高的果蔬生理代谢非常旺盛，物质消耗很快，极易衰老变质；同时，含水量高也给微生物、酶的活动创造了条件，使得果蔬容易腐烂变质。

水分因存在状态不同而分为游离水（或自由水）、胶体结合水和化合水。游离水存在于果蔬的组织细胞中，是可溶性物质的溶剂，可自由流动，易被蒸发或渗透除去，约占果蔬水分的70%。胶体结合水是被胶体物质如果胶、蛋白质、糖类等吸附的水分，没有溶剂的作用，也不能自由流动，在加工中只能被部分除去，约占果蔬水分的25%。化合水是和蛋白质、多糖类结合在一起的水分，在加工中不能被除去。游离水是微生物和酶活动的载体。

果蔬采摘后，水分供应被切断，而呼吸作用仍在进行，带走了一部分水，造成了水果、蔬菜的萎蔫，从而促使酶的活力增加，加快了一些物质的分解，造成营养物质的损耗，并且减弱了果蔬的耐贮性和抗病性，引起品质劣变。为防止失水，贮藏室内应进行地面洒水、喷雾或用塑料薄膜覆盖，增大空气中的相对湿度，使果蔬的水分不易蒸发散失。

2. 果胶物质

果蔬的种类不同，果胶的含量和性质也不同。水果中的果胶一般是高甲氧基果胶，蔬菜中的果胶为低甲氧基果胶。果胶物质存在于果蔬细胞的初生壁和中胶层，它的形态、含量的变化，使果蔬具有了不同的质地。在果蔬组织中的果胶物质以原果胶、果胶、果胶酸三种形式存在。

原果胶存在于未成熟果蔬细胞壁的中胶层中，不溶于水，而常和纤维素、半纤维素结合，使细胞彼此黏结，果实呈脆硬的质地。随着果蔬的成熟，原果胶在酶的作用下，逐渐分解为果胶，果胶溶于水，与纤维素分离，细胞间结合力松弛，使果蔬质地变软。成熟的果蔬向过熟期变化时，在果胶酶的作用下，果胶转变为果胶酸，失去黏结性，对水溶解度很低，使果蔬呈软烂状态。所以果胶物质从原果胶—果胶—果胶酸的转变，使果蔬的硬度下降，耐贮性降低。果胶物质可与钙盐、铝盐生成不溶性盐，故钙盐、铝盐具有硬化保脆作用，而其中的果胶可作为胶凝剂、增稠剂和稳定剂。

3. 纤维素和半纤维素

纤维素、半纤维素是植物的骨架物质，是细胞壁的主要构成部分，起支持的作用，它们的含量与存在状态决定着细胞壁的弹性和可塑性。纤维素和半纤维素性质稳定，不易被水解，是腌渍原料的主体。果品中纤维素含量为0.2%~4.1%，半纤维素含量为0.7%~2.7%；蔬菜中纤维素的含量为0.3%~2.3%，半纤维素含量为0.2%~3.1%。

纤维素类主要指纤维素、半纤维素以及由它们与木质素、栓质、角质、果胶等结合成的复合纤维。

纤维素是含绿色素植物细胞壁和输导组织的主要成分。纤维素和表皮的角质层，对果蔬起保护作用。纤维素是反映水果、蔬菜质地的物质之一。果蔬中含纤维素太多时，吃起来感到粗老、多渣。一般幼嫩果蔬含量低，成熟果蔬含量高。纤维素对人体无营养价值，但它可促使肠胃蠕动，有助于消化。

（五）营养物质

1. 维生素

维生素是人体维持正常生理机能不可缺少的一类微量有机物质，果蔬富含多种维生素。据报道，人体所需维生素A的57%、维生素C（抗坏血酸）的98%左右来源于果蔬。

1）维生素A原（胡萝卜素）

新鲜果蔬中含有大量的胡萝卜素，如柑橘、枇杷、芒果、柿子、胡萝卜、菠菜、南瓜中含量多。维生素A原在人体中能维持眼睛、口腔、消化道、皮肤等系统黏膜的正常生理功能，防止病菌的感染。人体缺乏维生素A原会引起夜盲症、眼干病、皮肤干燥等症状。维生素A原不溶于水，能溶于油脂，在碱性条件下稳定，耐高温，但加热时遇氧则易氧化。贮存时应注意避光，减少与空气接触。

2）维生素C（抗坏血酸）

维生素C在鲜枣、猕猴桃、山楂、辣椒、甘蓝、西兰花等果蔬中含量多。维生素C能预防坏血病，增强机体的抵抗力，加速伤口愈合，防止毛细血管出血，预防癌症。人体如果缺乏维生素C，会导致毛细血管脆性增加，牙齿、毛囊及周围出血，严重时可引起坏血病。维生素C是果蔬中含量较高的一种维生素，在加工过程中易被破坏，其氧化产物参与美拉德反应而导致褐变，尤其是在低pH值（2.5～3.5）下。

3）维生素B_1（硫胺素）

维生素B_1在豆类蔬菜、芦笋、干果中含量最多。维生素B_1是最早被人们提纯的维生素，1896年被荷兰王国科学家伊克曼首先发现，1910年被波兰化学家丰克从米糠中提取和提纯。它是白色粉末，易溶于水，遇碱易分解。维生素B_1的生理功能是能增进食欲，它是维持神经系统正常活动的重要成分之一，人体长期缺乏会患脚气病和肠胃功能障碍。成人每天需摄入2 mg的维生素B_1。维生素B_1是水溶性的，在酸性条件下稳定、耐热；在中性和碱性条件下加热易被氧化或还原。贮存应避光，减少环境中的氧气。

4）维生素B_2（核黄素）

维生素B_2又名核黄素。1879年英国化学家布鲁斯首先从乳清中发现，1933年美国化学家哥尔倍格从牛奶中提取，1935年德国化学家柯恩合成。

维生素B_2是橙黄色针状晶体，味微苦，水溶液有黄绿色荧光，在碱性或光照条件下极易分解。人体缺少它易患口腔炎、皮炎、微血管增生症等。成年人每天应摄入2～4 mg的维生素B_2。维生素B_2在甘蓝、番茄、豌豆、桂圆、板栗等果蔬中含量较多。维生素B_2是一种感光物质，存在于视网膜中，是维持眼睛健康的必要成分。

2. *矿物质*

果蔬中的矿物质主要有钙、磷、铁、硫、镁、钾、碘等，约占果蔬干物质重量的1%～5%，尤其在叶菜中的含量可达10%～15%。一些果实中主要矿物质含量如表1-2所示。

表 1－2　果蔬中主要矿物质含量 mg/L

果蔬名称	钾	钙	钠	铁	磷
苹果	1 120	70	20	1.0	60
杏	1 000	90	1 200	30.0	130
葡萄	1 630	130	60	8.0	820
番茄	3 100	430	1 200	9.0	410
菠菜	7 500	800	700	30.0	1 650

在果蔬中，矿物质影响果蔬的质地及贮藏效果。如钙是植物细胞壁和细胞膜的结构物质，在保持细胞壁结构、维持细胞膜功能方面有重要意义，可以保护细胞膜结构不易被破坏，能够提高果蔬本身的抗性，预防贮藏期间生理病害的发生。近年来的研究又肯定了钙对延缓果蔬采后成熟衰老的重要性，研究主要涉及苹果、梨、草莓、葡萄、柑橘、香蕉、芒果等果实。钙、钾含量高时，果实硬，脆度大，果肉致密，贮藏中软化进度慢，耐贮藏。

3. 淀粉

淀粉为多糖，是人体获取膳食能量的渠道之一，主要存在于未熟果实及根茎类、豆类蔬菜中，如板栗和枣的淀粉含量为16%～40%，马铃薯为14%～25%，藕为12%～19%，豌豆为6%，其他果蔬含量较少。

（六）酶

酶是活细胞产生的具有催化作用的有机物，酶与无机催化剂比较既有相同点又有不同点。

1. 相同点

酶与无机催化剂的相同点：① 改变化学反应速率，本身不被消耗；② 只催化已存在的化学反应；③ 加快化学反应速率，缩短达到平衡时间，但不改变平衡点；④ 降低活化能，使化学反应速率加快。

2. 不同点（即酶的特性）

与无机催化剂相比，酶具有以下特性：① 高效性，即酶的催化效率比无机催化剂更高，使得反应速率更快；② 专一性，即一种酶只能催化一种或一类底物，如蛋白酶只能催化蛋白质水解成多肽；③ 多样性，即酶的种类很多，大约有4 000多种；④ 温和性，即酶所催化的化学反应一般是在较温和的条件下进行的。

果蔬中的酶主要有两大类：一类是氧化酶类，如多酚氧化酶、抗坏血酸氧化酶、过氧化物酶等；另一类是水解酶类，如果胶酶、淀粉酶、蛋白酶等。

二、呼吸作用

（一）呼吸作用的类型

根据贮藏环境中氧气含量不同，果蔬的呼吸作用包括有氧呼吸和无氧呼吸。

1. 有氧呼吸

有氧呼吸是指果蔬的生活细胞在氧气的参与下，将有机物（呼吸底物）彻底分解成二氧化碳和水，同时释放出能量的过程。以己糖为呼吸底物时，化学反应式为：

$$C_6H_{12}O_6 + 6O_2 \longrightarrow 6CO_2 + 6H_2O + 2\ 870.2\ kJ$$

2. 无氧呼吸

无氧呼吸是果蔬的生活细胞在缺氧条件下，有机物（呼吸底物）不能被彻底氧化，生成乙醛、酒精、乳酸等物质，释放出少量能量。以己糖为呼吸底物时，化学反应式为：

$$C_6H_{12}O_6 \longrightarrow 2C_2H_5OH + 2CO_2 + 100.4\ kJ$$

正常的情况下，有氧呼吸是植物细胞进行的主要代谢类型，从有氧呼吸到无氧呼吸主要取决于环境中氧气的浓度，一般在1% ~5%之间。

（二）呼吸作用中与果蔬贮藏有关的概念

1. 呼吸强度

呼吸强度是衡量呼吸作用快慢、强弱的指标，通常以1 kg样品在1 h内吸入氧气或释放二氧化碳的毫克数或毫升数表示（mg（mL）CO_2或O_2/（kg·h））。

呼吸强度大，呼吸作用旺盛，消耗贮藏物质（呼吸底物）的速度快，果蔬贮藏寿命就短；反之，呼吸强度小，贮藏物质（呼吸底物）的消耗慢，果蔬贮藏寿命就长。

影响呼吸强度的因素包括：① 果蔬的种类和品种；② 果蔬发育阶段和成熟度；③ 贮藏环境的温度；④ 贮藏环境的湿度；⑤ 环境中氧气、二氧化碳、乙烯的浓度；⑥ 机械损伤；⑦ 植物生长调节剂等。

2. 呼吸跃变现象

在果实发育过程中，呼吸强度不是始终如一的，会随着发育阶段的不同而不同。有些果实在幼嫩时呼吸旺盛，在生长过程中随着果实的膨大呼吸强度不断下降，达到一个最低点，在成熟过程中，呼吸强度又急速上升至最高点，随着果实衰老再次下降直到果实变质。具有呼吸跃变特性的果实称为跃变型果实，如苹果、梨、香蕉、番茄、甜瓜、芒果、桃、杏、李、猕猴桃、番木瓜等。

3. 呼吸失调

呼吸失调必然引起果蔬的生理障碍，也是发生各种生理病害的根本原因。

4. 呼吸保卫反应

呼吸保卫反应是指植物在遭受伤害或病菌侵染时，会主动加强呼吸，抑制微生物所分泌的酶引起的水解作用，防止积累有毒的代谢中间产物，加强合成新细胞的成分，加速伤口愈合的现象。

（三）呼吸作用对果蔬贮藏的影响

呼吸作用对果蔬贮藏的影响可以从不同的角度理解。

1. 从果蔬具有的耐贮性和抗病性的角度

耐贮性和抗病性是活的果蔬具有的特性。呼吸作用是采后果蔬生命存在的基础，也就成为耐贮性和抗病性存在的前提。一方面，呼吸作用可以提供能量；另一方面，许多呼吸中间产物是重新合成新物质的原料，这些物质转变，将糖、脂肪、蛋白质及许多物质代谢联系起来，使得呼吸作用密切影响到果蔬的成熟、衰老、抗病、愈伤等过程，也就密切影响到果蔬耐贮性和抗病性的发展变化。

2. 从呼吸作用消耗有机物质（呼吸底物）的角度

呼吸作用会不断消耗果蔬的贮藏物质，加快果蔬的生命活动，促进其衰老，对采后果蔬贮藏是不利的。同时，呼吸会产生呼吸热，使果蔬的体温增高，又会促进呼吸强度的增大，体内有机物消耗加快，贮藏时间缩短。因此，果蔬贮藏过程中，在保证果蔬正常的呼吸代谢的基础上，只有采取一切可能的措施降低呼吸强度，才能延长贮藏寿命。

三、影响果蔬贮藏质量的因素

（一）内在因素

1）种类和品种

不同种类的果蔬植物器官不同，导致其新陈代谢的方式和强度有所不同，其耐贮性有很大差异。果蔬种类间耐贮性的差异是由它们的遗传特性决定的。相同种类、不同品种的果蔬耐贮性也有差异。一般晚熟品种生长期长，干物质含量较高，从而耐贮藏，而早熟品种耐贮性差。

2）砧木

果树的砧木影响嫁接后果树的生长发育和对环境的适应性，影响果实的产量、品质、化学成分、耐贮性和抗病性。

3）树龄和树势

一般老龄树的长势衰老，所结果实小，干物质含量少，耐贮性和抗病性较差；幼龄树的长势旺盛，所结的果实数量少，体积大，组织疏松，呼吸水平高，耐贮性也差。

4）果实大小

同一种类、品种的果实，大果实不如中等大小的果实耐贮藏，抗病性也不同。

5）结果部位

同一棵植株不同部位的果实，大小、颜色、化学成分以及耐贮性有明显的差异。生长在植株体内部、下部的果实，由于光照不足，色泽、风味差，耐贮性也差。向阳面的果实大，颜色好，在贮藏中不易皱缩。

（二）采前因素

1）果蔬生长的自然环境条件

这主要包括温度、光照、降水量和空气湿度以及地理因素等。

2）农业技术因素

这主要包括土壤、施肥、灌水、植株管理、病虫害防治和植物生长调节剂等因素，其中植物生长调节剂的种类包括：① 促进生长成熟类，如萘乙酸、2，4－D（化学名为2，4－二氯苯氧乙酸）等能促进生长，减少落花落果；② 促进生长而抑制成熟类，如赤霉素有防止柑橘果蒂脱落和延迟衰老的作用；③ 抑制生长而促进成熟类，如乙烯利可促进果实着色、成熟，矮壮素、B9（化学名为N-二甲氨基琥珀酰胺酸）是生长抑制剂；④ 抑制生长而延缓成熟类，如青鲜素（MH）、多效唑（氯丁唑）等。

（三）贮藏环境因素

1. 相对湿度

贮藏环境的相对湿度影响果蔬的水分蒸发，使果蔬的含水量发生变化，从而影响呼吸强度。空气的相对湿度是影响果蔬水分蒸发的直接因素。提高空气的相对湿度可以减少果蔬和周围空气间的蒸汽压力差，从而减少果蔬的水分蒸发。在果蔬贮运过程中，当贮藏环境中空气蒸汽的绝对含量不变，而温度降到露点温度时，空气蒸汽达到饱和，会使过多的蒸汽在果蔬表面、塑料包装袋内壁等处凝结成水珠，这种现象称为结露。

2. 温度

1）温度对果蔬呼吸作用的影响

在一定范围内，呼吸强度随着温度的升高而增大，从而果蔬物质消耗增加，贮藏寿命缩短。

2）温度对果蔬水分蒸发的影响

温度升高，空气的饱和湿度就会增大，果蔬水分蒸发加快，容易发生失水萎蔫，降低耐贮性。因此，在一定的空气湿度下，降低贮藏环境的温度能抑制果蔬的水分蒸发，保持果蔬的新鲜品质，有利于果蔬的贮藏。

3）温度对冷害的影响

冷害指果蔬在冰点以上低温条件下贮藏引起生理代谢失调的现象。

冷害的症状为：① 表面出现凹点或凹陷的斑块；② 局部表皮组织坏死，变色，出现水渍斑块；③ 不能正常成熟，有异味；④ 果皮、果肉或果心褐变等。具体症状随果蔬种类不同而不同。

贮藏温度和持续时间是影响冷害发生与否及程度轻重的决定因素。在导致冷害发生的温度下，温度越低，发生越快；持续时间越长，越严重。

防止果蔬冷害的措施包括：低温锻炼、逐步降温法、热处理、提高贮藏环境的相对湿度、调节气体组分和化学物质处理等。

4）温度对冻害的影响

温度是影响冻害发生与否及程度轻重的因素。

5）温度对乙烯产生的速度和作用效应的影响

高温会刺激乙烯的产生。果蔬采收后快速降温并维持在适宜的温度，可以抑制乙烯促进成熟衰老的作用。

6）温度对微生物的影响

低温能抑制病原微生物的生长繁殖，减少果蔬在贮藏中的腐烂变质。

7）果蔬的贮藏适温

温度高于贮藏适温时，会加快呼吸消耗，缩短贮藏的时间。温度低于贮藏适温时，轻者出现冷害，重者出现冻害。

3. 气体成分

主要包括氧气和二氧化碳等。在乙烯贮藏环境中，常常有乙烯的积累。

（四）其他因素

休眠是植物生命周期中生长发育暂时停止而进入相对静止状态的现象，是植物在完成营养生长或生殖生长以后，为了适应严冬、酷暑、干旱等不良环境，在长期的系统发育中所形成的一种特性。

休眠分为诱导期（休眠前期）、生理休眠期（深休眠期）、休眠苏醒期（休眠后期）三个阶段。

【工作任务详述】

一、工作课时

本单元的理论课时为 4 课时，实践课时为 6 课时，共 10 课时。

二、工作过程

（一）果蔬中可溶性固形物含量的测定

1. 目的及原理

利用手持式折光仪测定果蔬中的总可溶性固形物（Total Soluble Solid，TSS）含量，可大致表示果蔬的含糖量。

光线从一种介质进入另一种介质时会产生折射现象，且入射角正弦与折射角正弦之比恒为定值，此比值称为折光率。果蔬汁液中可溶性固形物含量与折光率在一定条件下（同一温度、压力）成正比例，故测定果蔬汁液的折光率，可求出果蔬汁液的浓度（含糖量的多少）。因此利用手持式折光仪测定果蔬中的总可溶性固形物含量，可大致表示果蔬的含糖量。

2. 手持式折光仪使用方法

手持式折光仪也称糖镜、手持式糖度仪，其构造如图 1－1 所示。

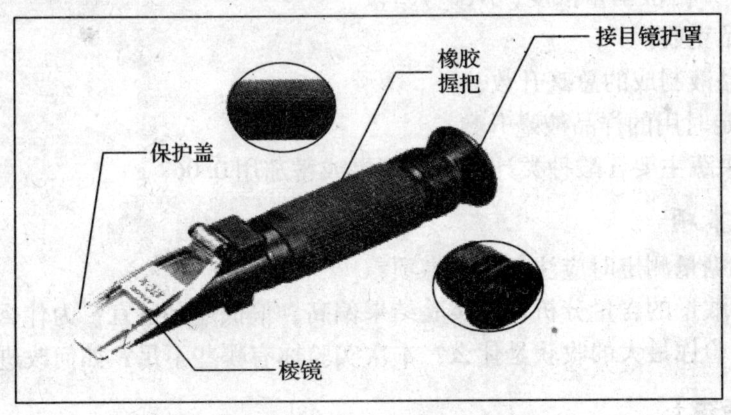

图 1－1　手持式折光仪构造

下面是手持式折光仪的使用方法。

（1）打开手持式折光仪保护盖，用干净的纱布或卷纸小心擦干棱镜玻璃面。在棱镜玻璃面上滴2滴蒸馏水，盖上保护盖。

（2）于水平状态，检查视野中明暗交界线是否处在刻度的零线上。若与零线不重合，则旋动刻度调节螺旋，使分界线刚好落在零线上。

（3）打开盖板，用纱布或卷纸将水擦干，然后如上法在棱镜玻璃面上滴2滴果蔬汁，进行观测，读取视野中明暗交界线上的刻度，即为果蔬汁中可溶性固形物含量（糖的大致含量）。重复三次。

（二）果蔬中有机酸含量的测定

果蔬中含有各种有机酸，主要的有苹果酸、柠檬酸、酒石酸、草酸等。果品品种、种类不同，含有有机酸的种类和数量也不同。果蔬含酸量测定是根据酸碱中和原理，即用已知浓度的氢氧化钠溶液滴定，故测出来的酸量又称为总酸或可滴定酸。计算时以该果蔬所含主要的酸来表示，如苹果、梨、桃、杏、李、番茄、莴苣主要含苹果酸，以苹果酸计算，其毫克当量为0.067 g；柑橘类以柠檬酸计算，其毫克当量为0.064 g；葡萄以酒石酸计算，其毫克当量为0.075 g。

操作过程如下。

（1）称取均匀样品20 g，置研钵中研碎，注入200 mL容量瓶中，加蒸馏水至刻度。混合均匀后，用棉花或滤纸过滤。

（2）吸取滤液20 mL放入烧杯中，加酚酞指示剂2滴，用0.1 mol/L NaOH溶液滴定，直至成淡红色为止。记下NaOH溶液用量。重复滴定3次，取其平均值。

某些果蔬容易榨汁，而其汁液含酸量能代表果蔬含酸量，取定量汁液（10 mL）稀释后（加蒸馏水20 mL），直接用0.1 mol/L NaOH液滴定。

$$果蔬含酸量（\%）=\frac{V\times C\times K}{W}\times\frac{B}{A}\times 100\% \qquad (1-1)$$

式中：V——NaOH溶液用量，mL；

C——NaOH溶液当量浓度，N；

A——样品克数；

B——样品液制成的总毫升数；

W——滴定时用的样品液毫升数；

K——以果蔬主要含酸种类计算，如苹果或番茄用0.067 g。

三、注意事项

（1）果蔬含糖量测定时应注意什么事项？

（2）果蔬含酸量的含量分析评价实验结果偏高、偏低还是适宜？为什么？

（3）本次实验你最大的收获是什么？本次实验你有哪些不足？如何改进？

【知识和技能考查】

一、填空题

1. 果蔬的________、________、________、质地和营养等都是由不同的化学物质组成的。

2. 果蔬中所含的化学物质可分为两大部分，即__________和干物质，其中干物质的主要成分是__________，包括糖、淀粉、纤维素和半纤维素、果胶物质等，其次还有色素物质、维生素、矿物质、单宁、含氮物质、挥发性芳香物质等。根据这些化学物质功能的不同，果蔬中的化学物质还可分为__________、__________、__________、__________、__________及__________。

3. 类胡萝卜素主要包括__________、__________、叶黄素等。类胡萝卜素是一大类__________的色素。

4. 果蔬具有的香味来源于果蔬中的__________。随着果蔬的成熟，芳香物质逐渐合成，完全成熟时含量__________，香味最浓。芳香物质__________而且具有__________作用，因此在贮藏过程中应及时__________。

5. 糖是果蔬中甜味的主要来源，主要有__________、__________和__________。在评定风味时常用__________来表示。

6. 果蔬的酸味主要来自__________，主要有__________、__________、__________和__________等多种有机酸。

7. 单宁有__________和__________两种形式。水溶性单宁具有__________，在未成熟的果实中这种单宁含量居多，引起果实的涩味，原因是味觉细胞的__________遇到单宁后凝固而产生的一种收敛感。随着果蔬的成熟，水溶性单宁的含量__________，涩味减弱，甚至消失。

8. __________是影响果蔬的新鲜度、脆度的重要成分，与果蔬的__________也密切相关。

9. __________是和蛋白质、多糖类结合在一起的水分，在加工中__________被除去。游离水是微生物和酶活动的载体。

10. 果胶物质存在于果蔬细胞的初生壁和中胶层，它的形态、含量的变化，使果蔬具有了不同的__________。在果蔬组织中的果胶物质以__________、__________、__________三种形式存在。

二、名词解释

1. 芳香物质　2. 酶促褐变　3. 维生素　4. 酶　5. 有氧呼吸　6. 无氧呼吸　7. 呼吸强度　8. 呼吸保卫反应

三、简答题

1. 果蔬中化学物质的种类、作用是什么？
2. 简述果胶物质在果蔬成熟和衰老过程中的变化。
3. 简述含维生素 C 较多的果品和蔬菜的种类。
4. 简述有氧呼吸、无氧呼吸与果蔬贮藏的关系。
5. 简述影响呼吸强度的因素。
6. 简述影响果蔬贮藏质量的因素。

四、技能题

学生分组准备各种蔬菜和水果，进行果蔬主要化学成分的测定，主要比较苹果和胡萝卜中含有哪一种色素，讨论它们的性质稳定性。

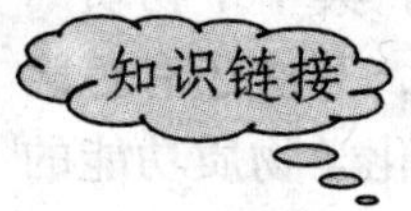

日常生活中，了解一些果蔬的营养价值对保持身体健康非常重要。果蔬营养价值表（见表1－3）分别对蔬菜和水果的营养价值进行了简要概括。

表1－3　果蔬营养价值表

营养素		蔬菜	水果
热量		大部分蔬菜的水分过高，因此所能供给的热量并不高，只有含淀粉的根茎类蔬菜供给的热量略多，而大部分蔬菜在41.84～167.36 J/100 g	热量来自所含的糖类，如果糖、蔗糖、淀粉等
蛋白质		蔬菜所含蛋白质较少，只有豆荚类含量较高，蔬菜的蛋白质含量平均为1%	新鲜水果所含的蛋白质也低，平均每100 g不足1 g
无机盐		绿叶类蔬菜含量最高，含钙、磷、铁、钾、铜等	鲜果为钙、磷、铁、铜等元素的重要来源，而干果中无机盐又多于鲜果；苹果、柑橘、草莓的含钙量最高，葡萄、枣、香蕉、杏等含铁量较多
维生素	胡萝卜素	绿叶类及胡萝卜含量较高，有些野菜也含量较高	柑橘、红果（山楂）、樱桃、菠萝等含量较高
	维生素B	蔬菜中维生素B含量不高，主要在豆荚类及蒜头、白薯、黄花菜、龙须菜、菠菜、甘蓝菜等中含有	仅干果类含维生素B
	维生素C	蔬菜中维生素C含量较高，尤其是大白菜、青菜、油菜、荠菜、苦瓜、番茄等	鲜果是维生素C的重要来源，其中鲜枣、橘子、柠檬、柚子、草莓等含量较高
综述		绿叶菜所含的维生素和无机盐均高于根茎类及瓜果类蔬菜	水果除供给维生素及矿物质外，还含有大量的有机酸和纤维素，有机酸能刺激胃液分泌，纤维素能促进肠道蠕动

工作任务二　果蔬加工预处理

【情境描述】

选择合适果蔬原料及预处理的操作方法后完成原料的储备。

【作业质量要求】

1）掌握果蔬原料的种类。

2）掌握果蔬原料预处理的步骤。

【学习目标】

掌握各种果蔬原料的选择及加工预处理的要求，完成果蔬原料的储备，熟练操作方法。

【技能目标】

正确进行各种果蔬原料的选择及加工预处理的操作，熟练操作方法。

【所需设备、工具和材料】

1）仪器、器皿：过滤器、分级机、滚筒式清洗机、机械去皮机。

2）试剂：硝酸盐。

3）原材：巴梨、香蕉、柿子等。

【相关知识】

果蔬加工方法较多，不同的加工方法和制品对原料均有一定的要求，优质高产、低耗的加工品，除受加工工艺和设备的影响外，更与原料的品质好坏以及原料的加工有密切的关系。在加工工艺和设备条件一定的情况下，原料的好坏就直接决定着制品的质量。果蔬加工对原料总的要求是要有合适的种类、品种，适当的成熟度和良好、新鲜完整的状态。

果蔬加工原料的预处理，对其制成品的影响很大，如处理不当，不但会影响产品的质量和产量，而且会对以后的加工工艺造成影响。为了保证加工品的风味和综合品质，必须认真对待加工前原料的预处理。

果蔬加工原料的预处理包括选别、分级、清洗、去皮、切分、破碎、去心（核）、修整、烫漂（预煮）、护色等工序。尽管果蔬种类和品种各异，组织特性相差很大，加工方法也有很大的差别，但加工前的预处理过程基本相同。

一、果蔬原料的种类、对加工产品质量的影响与分级方法

（一）果蔬原料的种类

1. 水果类

落叶果树类水果主要有下面几类。

（1）仁果类：苹果、梨、山楂等。

（2）核果类：桃、李、杏、梅、樱桃等。

（3）浆果类：葡萄、草莓、猕猴桃、桑椹、木瓜等。

（4）坚果类：核桃、板栗等。

（5）杂果类：柿、枣等。

常绿果树类水果主要有下面两类。

（1）柑橘类：柑橘、柚、柠檬等。

（2）其他类：枇杷、杨梅、荔枝、龙眼、橄榄、芒果等。

多年生草本类水果：香蕉、菠萝等。

2. 蔬菜类（按食用部分的不同分类）

（1）根菜类：萝卜、胡萝卜、大头菜、甜菜等。

（2）茎菜类：竹笋、芦笋、莴笋（莴苣）、葱头、蒜头、姜、芋、马铃薯等。

（3）叶菜类：大白菜、卷心菜（甘蓝）、菠菜、芹菜、大葱等。

（4）花菜类：花菜、紫菜苔、金针菜等。

（5）果菜类：青豆、刀豆（芸豆）、蚕豆、毛豆、甜玉米、番茄、西瓜、冬瓜、黄瓜、南瓜等。

（6）食用菌类：草菇、香菇、金针菇、平菇、木耳等。

（二）果蔬原料对加工产品质量的影响

水果或蔬菜制品的品质好坏，虽然受到加工设备和技术条件的限制，但与用来加工的原料品种、产地、成熟程度及新鲜、完整程度等因素关系更为密切。

1. 原料品种、产地对加工产品质量的影响

同一种原料，因品种（或种系）不同，加工效果有差异，如加工梨脯，就要选用含水少、石细胞少的洋梨系统中的品种。同一品种，产地区域不同，品质也不一样，如枣，南方原料比北方好，制出的蜜枣较北方酥松。

2. 原料成熟度对加工产品质量的影响

原料的成熟度与加工产品质量关系很大。加工果脯、蜜饯要求果实成熟度在75%～85%，也就是果实坚熟期，以肉质丰富，组织紧密，含单宁量较少，色泽鲜明时为宜。果菜类罐藏一般要求坚熟，此时果实已充分发育，有适当的风味和色泽，肉质紧密而不软，杀菌后不变型；但叶菜类一般要求在生长期采收，此时粗纤维较少，品质好。

3. 原料新鲜、完整程度对加工产品质量的影响

加工所用的原料必须新鲜、完整，否则，果蔬一旦发酵变化就会有许多微生物侵染，造成果蔬腐烂。加工原料越新鲜、完整，其营养成分保存度越好、越多，产品质量也越好。

不同果蔬的加工制品对原料的要求如表1－4所示。

表1－4　不同果蔬的加工制品对加工原料的要求

加工制品种类	加工原料特征	加工原料种类
干制品	水分含量较低，可食部分多，粗纤维少，风味及色泽好的种类和品种	枣、柿子、山楂、龙眼、杏、胡萝卜、马铃薯、辣椒、南瓜、洋葱、姜及大部分的食用菌等

（续表）

加工制品种类	加工原料特征	加工原料种类
罐藏制品 糖制制品 冷冻制品	肉厚，可食部分大，耐煮性好，质地紧密，糖酸比适当，色、香、味好的种类和品种	一般大多数的果蔬均可以进行此类加工制品的加工
果酱类	含有丰富的果胶物质、较高的有机酸、风味浓、香气足的种类和品种	水果中的山楂、杏、草莓、苹果等，蔬菜中的番茄等
果蔬汁制品 果酒制品	汁液丰富，取汁容易，可溶性固形物含量高，酸度适中，风味芳香独特，色泽良好及果胶含量少的种类和品种	葡萄、柑橘、苹果、梨、菠萝、番茄、黄瓜、芹菜、大蒜、胡萝卜等
腌制品	一般以水分含量低，干物质较多，肉质厚，风味独特，粗纤维少的种类和品种为好	对原料的要求不太严格，优质的腌制原料有芥菜类、根菜类、榨菜、黄瓜、茄子、蒜、姜等

综上所述，为了保证果蔬制品的品质，必须对其原料预先进行分级。

（三）果蔬原料的分级方法

分级是按原料的大小、质量、色泽和成熟度等对原料进行分类，便于加工操作、降低原料的消耗，使以后各工序的处理获得一致性，保证产品质量。果蔬的分级方法有按成熟度分级、按色泽分级和按大小分级几种，应当视果蔬种类的不同及分级标准对果蔬加工品的影响而采用一种或多种分级方法。

在我国，按成熟度分级常用目视估测的方法进行。在果蔬加工中，桃、梨、苹果、杏、樱桃、豆类、黄瓜、芦笋、竹笋等常先按成熟度分级。大部分目视分成低、中、高三级，以便能合理地制订后续工序。豆类中的豌豆等在国内外常用盐水浮选法进行分级，因为成熟度高的含有较多的淀粉，故相对密度较大，在特定相对密度的盐水中利用其上浮或下沉的原理即可将其分开。在美国，将能在比重1.04的盐水中上浮的规定为特级，下沉的为标准级，再用比重为1.07的盐水浮选，上浮的为标准2级，下沉者次之。此种分级方法受豆粒内空气含量的影响，故有时将此分级步骤改在烫漂后装罐前进行。速冻酸樱桃常用灯光法进行色泽和成熟度分级。

按色泽分级与按成熟度分级在大部分果蔬中是一致的，一般按色泽的深浅分开。除了在预处理以前分级外，大部分罐藏果蔬在装罐前也要按色泽分级。

按大小分级是分级的主要方法，几乎所有的加工果蔬均需按大小分级，其方法有手工分级和机械分级两种。

1. 手工分级

在生产规模不大或机械设备较差时常用手工分级，同时可配备简单的辅助工具，如圆孔分级板、蘑菇大小分级尺等。分级板由长方形板上开不同孔径的圆孔制成，孔径的大小视不同的果蔬种类而定。通过每一圆孔的算一级，但不应往孔内硬塞下去，以免擦伤果皮。另外，果实也不能横放或斜放，以免大小不一。这种分级同样适合于圆形的蔬菜和蘑菇。除分级板外，还有根据同样原理设计而成的分级筛，适用于豆类、马铃薯、洋葱等蔬菜及部分水果，分级效率高，比较实用。

2. 机械分级

采用机械分级可大大提高分级效率，且分级均匀一致，目前常用的机械有下面三种。

1）滚筒式分级机

其主要部件为滚筒，实际上是一个圆柱形的筒状筛，用1.5～2.0 mm的不锈钢板冲孔后卷成。其上有不同孔径的几组漏孔，原料从进口至出口，后组的孔径逐渐比前组增大。每组滚筒下装有集料斗，当原料进入时，小于第一组孔径的原料，从第一级筒筛落入料斗，为一级，余类推。为使原料从筒内向出口处运动，整个滚筒装置一般有3°～5°的倾角。滚筒分级机适用于山楂、蘑菇、杨梅及豆类。

2）振动筛

振动筛是常用的果蔬分级机械，其为带有孔的金属板，用铜或不锈钢制成，出料口有一定的倾斜度。操作时，机体沿一定方向往复运动，因机体摆动和倾斜角的作用，筛面上的果蔬以一定速度向前移动，在移动过程中进行分级。小于第一层筛孔的果蔬，从第一层筛子落入第二层筛子，余类推。大于筛孔的果蔬，从各层的出料口挑出，为一级。每级筛子的出料口都可得到一级果蔬。此机适用于一些圆形果蔬，如苹果、梨、李、杏、桃、番茄等都可用。使用和购买此机时应注意筛孔的大小与果蔬是否相符。

3）分离输送机

分离输送机为一种皮带分级机，其分级部分是由若干组成对的长橡皮带构成的，每对橡皮带之间的间隙由始端至末端逐渐加宽，形成“V”形。果蔬进入输送带始端，两条输送带以同样的速度带动果蔬往末端移动，带下装有各档集料斗，小的果蔬先落下，大的后落下，以此分级。此种设备简单，效率高，适合于大多数果品。缺点是调整较费时，分级不太严格。

除了各种通用机械外，果蔬加工中还有许多专用的分级机械，如蘑菇分级机、橘瓣分级机和菠萝分级机等。

二、果蔬原料的清洗

果蔬原料清洗的目的在于洗去果蔬表面附着的尘土、泥沙和大量的微生物以及部分化学农药，保证产品的清洁卫生，从而保证产品品质。

果蔬原料的清洗方法主要有手工清洗和机械清洗。

手工清洗简单易行，适用于任何种类的果蔬，但劳动强度大，非连续化作业，效率低。对于一些易损伤的果品如杨梅、草莓、樱挑等，此法较适宜。

果蔬清洗的机械种类较多，有适合于质地比较硬和表面不怕机械损伤的李、黄桃、甘薯、胡萝卜等原料的滚筒式清洗机，番茄酱、柑橘汁等连续生产线中常应用的喷淋式清洗机，适合于胡萝卜、甘薯、芋头等较硬原料的桨叶式清洗机以及用途广泛的压气式清洗机等多种类型。应根据生产条件、果蔬形状、质地、表面状态、污染程度、夹带泥土量以及加工方法而选用适宜的清洗设备。清洗用水应符合饮用水标准。

果蔬洗涤时常在水中加入盐酸、氢氧化钠、漂白粉、高锰酸钾等化学试剂，既可减少或除去农药残留，还可除去虫卵，降低耐热芽孢数量。近年来，有一些脂肪酸系的洗涤剂如单甘油酸酯、磷酸盐、糖脂肪酸酯、柠檬酸钠等应用于生产。

三、果蔬原料的去皮

除叶菜类外，大部分果蔬外皮较粗糙、坚硬，虽有一定的营养成分，但口感不良，对加工制品有一定的不良影响。如柑橘外皮含有精油和苦味物质；桃、梅、李、杏、苹果等外皮含有纤维素、果胶及角质；荔枝、龙眼的外皮木质化；甘薯、马铃薯的外皮含有单宁物质及纤维素、半纤维素等；竹笋的外壳高度纤维化，不可食用。因而，一般要求果蔬去皮。在加工某些果脯、蜜饯、果汁和果酒时，因为要打浆、压榨或其他原因才不用去皮。加工腌渍蔬菜也常常无须去皮。

去皮时应注意，只要求去掉果蔬不可食用或影响制品品质的部分，不可过度，否则会增加原料的消耗，且产品质量差。

果蔬原料去皮的方法主要有下列几种。

1. 手工去皮

手工去皮是应用特别的刀、刨等工具人工削皮。其应用范围较广，优点是去皮干净，损失率小，并兼有修整的作用，还可去心、去核、切分等同时进行。在果蔬原料质量不一致的条件下能显示出这些优点。但手工去皮费工、费时，生产效率低，不适合大规模生产。

2. 机械去皮

机械去皮采用专门的机械进行，常用的去皮机主要有下述三种类型。

(1) 旋皮机。其主要原理是在特定的机械刀架下将果蔬皮旋去，适合于苹果、梨、柿子、菠萝等大型果品。

(2) 擦皮机。其利用内表面有金刚砂、表面粗糙的转筒或滚轴，借摩擦力的作用擦去表皮，适用于马铃薯、甘薯、胡萝卜、芋头等原料，效率较高，但去皮后的表面不光滑。

(3) 专用去皮机。青豆、黄豆等采用专用的去皮机来完成去皮，菠萝也有专门的菠萝去皮、切端通用机。

机械去皮比手工去皮的效率高、质量好，但一般要求去皮前原料有较严格的分级。另外，用于果蔬去皮的机械，特别是与果蔬接触的部分应用不锈钢制造，否则会使果肉褐变。

3. 碱液去皮

碱液去皮是果蔬原料去皮中应用最广的方法。桃、李、杏、苹果、胡萝卜等果蔬，外皮由角质、半纤维素等组成，果肉由薄壁细胞组成，果皮与果肉之间为一层中胶层，富含果胶物质，将果皮与果肉连接。碱液去皮的原理是当果蔬原料与碱液接触时，果皮的角质、半纤维素易被碱液腐蚀而变薄乃至溶解，中胶层的果胶被碱液水解而失去胶凝性，而果肉的薄壁细胞膜比较抗碱，因此碱液处理能使果蔬的表皮剥落而保存果肉。碱液去皮机如图1－2所示。

图1－2　碱液去皮机

碱液去皮常用的碱为氢氧化钠，也可用氢氧化钾或二者的混合液，但氢氧化钾较贵。有时也用碳酸氢钠等碱性较弱的碱。为了帮助去皮可加入一些表面活性剂和硅酸盐，以降低果蔬的表面张力，使碱液分布均匀，促进碱液渗透，加强去皮效果。甘薯、苹果、梨等较难去皮的果蔬去皮时常加用。

碱液去皮时碱液的浓度、处理的时间和碱液温度为三个重要参数，应视不同的果蔬原料种类、成熟度和大小而定。碱液浓度高、处理时间长及碱液温度高会增加皮层的松离及腐蚀程度。适当增加其中任何一项，都能起加速去皮作用。如温州蜜柑囊瓣去囊衣时，0.3%左右的碱液在常温下需12 min左右，而35～40 ℃时只需7～9 min，而在0.7%的浓度、45℃时5 min即可。因此，生产中必须视具体情况灵活掌握，只要处理后经轻度摩擦或搅动能使果皮脱落，且果肉表面光滑即为适度的标志。

经碱液处理后的果蔬必须立即在冷水中浸泡、清洗，反复换水，淘洗除去果皮渣和黏附的余碱，漂洗至果块表面无滑腻感，口感无碱味为止。漂洗必须充分，否则有可能导致果蔬制品、特别是罐头制品的pH值偏高，导致杀菌不足，使产品变质，同时口感也不良。为了加速降低pH值和清洗，可用0.1%～0.2%的盐酸或0.25%～0.5%的柠檬酸水溶液浸泡，兼有防止变色的作用。盐酸比柠檬酸好，因盐酸解离的H^+和Cl^-对氧化酶有一定的抑制作用，而柠檬酸较难解离。同时，盐酸和余碱可生成盐类，抑制酶活性，更兼有价格低廉的优点。

碱液去皮的具体处理方法有浸碱法和淋碱法两种。

浸碱法可分为冷浸与热浸，生产上以热浸较常用。这种方法将一定浓度的碱液装在特制的容器中，将果蔬浸泡一定的时间后取出搅动，摩擦去皮，漂洗即可。

简单的热浸设备为夹层锅（见图1－3），用蒸汽加热，手工浸入果蔬及取出和去皮。大量生产可用连续的螺旋推进式浸碱去皮机或其他浸碱去皮机械。其主要部件均由浸碱箱和清漂箱两大部分组成。果蔬先进入浸碱箱的螺旋转筒内，经过箱内的碱液处理后，螺旋转筒的推进作用，将果实推入清漂箱的刷皮转筒内，螺旋式棕毛刷皮转笼在运动中边清洗，边刷皮，边推动，将皮刷去，原料由出口输出。

图1－3　夹层锅

淋碱法是将热碱液喷淋于输送带上的果蔬上，淋过碱的果蔬进入转筒内，在冲水的情况下与转筒的边翻滚摩擦去皮。杏、桃等果实常用此法去皮。

碱液去皮优点很多：首先是适应性广，几乎所有的果蔬均可应用碱液去皮，且对表面不规则、大小不一的果蔬也能达到良好的去皮效果；其次是碱液去皮掌握合适时，原料损失率较低，利用率较高；再次是此法可节省人工、设备等。但必须注意碱液的强腐蚀性，设备容器等必须由不锈钢或用搪瓷、陶瓷制成，不能使用铁或铝。

4. 热力去皮

热力去皮是指先用短时间高温处理果蔬，使之表皮迅速升温而松软，果皮膨胀破裂，与内部果肉组织分离，然后迅速冷却去皮。此法适用于成熟度高的桃、杏、番茄、甘薯等。

热力去皮的热源主要有蒸汽与热水。蒸汽去皮时一般采用近 100 ℃的处理温度，这样可以在短时间内使外皮松软，以便分离。具体的蒸汽处理时间，可根据原料种类和成熟度而定。如桃可在 100 ℃的蒸汽下处理 8 ~ 10 min，然后边喷淋冷水边用毛刷辊或橡皮辊刷洗。用热水去皮时，小量的可用夹层锅内加热的方法。大量生产时，采用带有传送装置的蒸汽加热沸水槽进行。果蔬经短时间的热水浸泡后，用手工剥皮或高压水冲洗。如番茄即可在 95 ~ 98 ℃的热水中烫 10 ~ 30 s，取出用冷水浸泡或喷淋，然后手工剥皮。

除上述两种热处理方法外，科研上还有火焰去皮法、红外线加温去皮法等。番茄在 1 500 ~ 1 800 ℃的红外线高温下受热 4 ~ 20 s，用冷水喷射即可除去外皮，效果较好。

热力去皮原料损失少，色泽好。但只适用于皮层易剥离、充分成熟的原料，对成熟度低的原料不适用。

5. 酶法去皮

在果胶酶（主要是果胶酯酶）的作用下，柑橘囊瓣中的果胶可以水解，脱去囊衣。如将橘瓣放在 1.5% 的果胶酶溶液中，在温度 35 ~ 40 ℃、pH 值 1.5 ~ 2.0 的条件下处理 3 ~ 8 min，可达到去囊衣的目的。酶法去皮条件温和，产品质量好。其关键是要掌握酶的浓度及酶的最佳作用条件如温度、时间、pH 值等。

6. 冷冻去皮

此法将果蔬放在冷冻装置内，轻度冻结表面，然后解冻，使皮层松弛后去皮，适用于桃、杏、番茄等。如番茄可在液氮为介质的冷冻机内冻 5 ~ 15 s，然后浸入热水中解冻、去皮。此法无蒸煮过程，去皮损失率为 5% ~ 8%，质量好，但费用高，目前仍处于试验阶段，尚未投入生产应用。

7. 真空去皮

此法将成熟的果蔬先行加热，使其升温，接着放入有一定真空度的真空室内，适当处理，使果皮下的液体迅速“沸腾”，皮与肉分离，然后破除真空，冲洗或搅动去皮。此法适用于成熟的果蔬如桃、番茄等。

综上所述，果蔬去皮的方法很多，且各有其优缺点，应根据实际的生产条件、果蔬的状况而采用。许多方法可以结合在一起使用，如碱液去皮时，为了缩短浸碱或淋碱时间，可将原料预先进行热处理。

四、果蔬原料的切分、破碎、去心（核）、修整

体积较大的果蔬原料在罐藏、干制、腌制及加工果脯、蜜饯时，为了保持适当的形状，需要适当地切分。切分的形状根据产品的标准和性质而定。制果酒、果蔬汁等制品，果蔬加工前需破碎，以便于压榨或打浆，提高取汁效率。核果类加工前需去核，仁果类则需去心。罐藏或果脯、蜜饯加工时为了保持良好的外观形状，需对果块在装罐前进行修整，以便除去碱液未去净的皮，残留于芽眼或梗洼中的皮，部分黑色斑点和其他病变组织。全去囊衣橘瓣罐头则需除去未去净的囊衣。

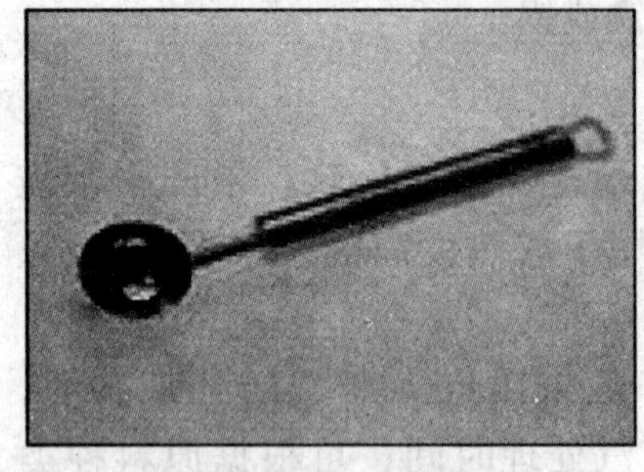

图1-4　去核器

上述工序在小量生产或设备较差时一般手工完成，常借助于专用的小型工具。如山楂、枣的通核器，匙形的去核器（见图1-4），金柑、梅的刺孔器等。

规模生产常有多种专用机械，主要的切分机械有：① 劈桃机，用于将桃切半，利用圆盘锯将其锯成两半；② 多功能切片机，为目前采用较多的切分机械，装有可换式组合刀具架，可根据要求选用刀具，可用于果蔬的切片、切块、切条等；③ 专用切片机，在蘑菇生产中常用蘑菇定向切片刀。除此之外，还有菠萝切片机、芸豆切端机、甘蓝切条机等。

果蔬的破碎常由破碎打浆机完成。刮板式打浆机常用于打浆、去籽。制作果酱时果肉的破碎也可采用绞肉机进行。果泥加工还可用磨碎机或胶体磨。葡萄的破碎、去梗、送浆联合机为葡萄酒厂的常用设备。成穗的葡萄送入进料斗后，经成对的破碎辘破碎、去梗后，再将果浆送入发酵池中，自动化程度很高。

五、果蔬原料的烫漂

果蔬的烫漂，生产上常称预煮，即将已切分的或经其他预处理的新鲜果蔬原料放入沸水或热蒸汽中进行短时间的热处理。

果蔬烫漂常用的方法有热水和蒸汽烫漂两种。以下简单介绍一下热水烫漂。热水烫漂的优点是物料受热均匀，升温速度快，方法简便；缺点是可溶性固形物损失多。在热水烫漂过程中，其烫漂用水的可溶性固形物浓度随烫漂的进行不断加大，因此在不影响烫漂外观效果的条件下，不应频繁更换烫漂用水。为了保持绿色果蔬的色泽，常在烫漂水中加入碱性物质，如碳酸氢钠、氢氧化钙等。葡萄干常用碳酸钾、氢氧化钠和植物油的混合液或亚硫酸盐与植物油的混合液进行烫漂。豌豆常在0.08% ~0.1 %的叶绿素铜钠染色液中烫漂兼染色。

果蔬烫漂可用手工在夹层锅内进行，现代化生产常采用专门的连续化预煮设备，依其输送物料的方式，目前主要的预煮设备有链带式连续预煮机和螺旋式连续预煮机等。

（一）果蔬原料烫漂的主要作用

1. 钝化活性酶，防止酶褐变

果蔬受热后氧化酶类等可被钝化，从而停止其本身的生化活动，防止品质的进一步变质，这在速冻与干制品中尤为重要。一般认为抗热性较强的氧化还原酶可在71～73.5 ℃、过氧化酶可在80～95 ℃的温度下的一定时间内失去活性。

2. 软化或改进组织结构

烫漂后的果蔬体积适度缩小，组织变得适度柔韧，罐藏时，便于装罐。同时，由于部分脱水，易保证有足够的固形物含量。干制和糖制时由于改变了细胞膜的透性，使水分易蒸发，糖分易渗入，不易产生裂纹和皱缩，尤其干制时加碱液烫漂后更明显。热烫过的干制品复水也较容易。

3. 稳定或改进色泽

烫漂使含叶绿素的果蔬色泽更加鲜绿，不含叶绿素的果蔬则变成半透明状态，更加美观。

4. 除去部分辛辣味和其他不良风味

对于苦涩味、辛辣味或其他异味重的果蔬原料，经过烫漂处理可适度减轻这些风味，有时还可以除去一部分黏性物质，提高制品的品质。如罐藏芸豆通过烫漂可除去部分可溶性含氮物质，避免苦味并减少对容器的腐蚀。

5. 降低果蔬中的污染物和微生物数量

果蔬原料在去皮、切分或其他预处理过程中难免有污染物和微生物，烫漂可杀灭微生物，减少对原料的污染，这对于速冻制品尤为重要。但是，烫漂同时会使果蔬损失一部分营养成分，如切片的胡萝卜用热水烫漂1 min即损失矿物质15%，整条的也要损失7%。

（二）果蔬原料烫漂判断标准

烫漂的判断标准应根据果蔬的种类、块形、大小、工艺要求等条件而定。一般情况下，特别是罐藏时可根据下列标准判断。

（1）从外表上看。果蔬烫至半生不熟，组织较透明，失去新鲜果蔬的硬度，但又不像煮熟后那样柔软即被认为适度。烫漂程度也常以果蔬中最耐热的过氧化物酶的钝化作为标准，特别是在干制和冷冻时更是如此。

（2）用过氧化物酶活性检查。可用0.1%的愈创木酚酒精溶液（或0.3%的联苯酚溶液）及0.3%的过氧化氢溶液作为试剂。方法是将试样切片后，随即浸入愈创木酚或联苯酚溶液中或在切面上滴几滴上述溶液，再滴上0.3%的过氧化氢数滴。数分钟后，愈创木酚变褐色、联苯酚变蓝色即说明酶未被破坏，烫漂程度不够；否则即说明酶被钝化，烫漂程度已够。

六、果蔬原料工序间的护色

果蔬在加工过程中，去皮、切分、破碎和空气接触及高温处理，都可能促进化学变化，生成有色粉质。其中包括酶褐变和非酶褐变。

在果蔬加工预处理中所用的护色方法主要有下面几类。

1. 烫漂护色

如前文所述，烫漂可钝化活性酶，防止酶褐变，稳定或改进色泽。

2. 食盐溶液护色

将去皮或切分后的果蔬浸于一定浓度的食盐溶液中可护色。果蔬加工中常用1% ~2%的食盐溶液护色。桃、梨、苹果及食用菌类均可用此法。用此法护色应注意漂洗净食盐，特别是对于水果尤为重要。

3. 亚硫酸盐溶液护色

亚硫酸盐既可防止酶褐变，又可抑制非酶褐变，效果较好。常用的亚硫酸盐有亚硫酸钠、亚硫酸氢钠和焦亚硫酸钠等。罐头加工时应注意用低浓度溶液，并尽量脱硫，否则易造成罐头内壁产生硫化斑。但干制品等可用较高浓度溶液。

4. 有机酸溶液护色

有机酸溶液既可降低pH值和抑制多酚氧化酶活性，又可降低氧气的溶解度而兼有抗氧化作用，并且大部分有机酸还是果蔬的天然成分。常用的有机酸有柠檬酸、苹果酸或抗坏血酸，但用后两者费用较高，生产上一般都采用柠檬酸，浓度为0.5% ~1%。

5. 抽空护色

某些果蔬如苹果、番茄等，组织较疏松，含空气较多，易引起氧化变色，对加工特别是罐藏不利，需进行抽空处理。所谓抽空是将原料置于糖水或无机盐水等介质里，在真空状态下，将内部的空气释放出来。果蔬抽空的装置主要由真空泵、气液分离器、抽空罐等组成。

果蔬抽空的方法有干抽和湿抽两种方法。

干抽法是将处理好的果蔬装于容器中，置于90 kPa以上的真空罐内抽去组织内的空气，然后吸入规定浓度的糖水或水等抽空液，使之淹没果蔬面5 cm以上。注意当抽空液吸入时，应防止真空罐内的真空度下降。

湿抽法是将处理好的果蔬浸没于抽空液中，放在抽空罐内，在一定的真空度下抽去果肉组织内的空气，至果蔬表面透明为止。果蔬所用的抽空液常有糖水、盐水、护色液三种，视果蔬种类、品种、成熟度而选用。抽空液的浓度越低，渗透越快；浓度越高，成品色泽越好。

【工作任务详述】

一、工作课时

本单元的理论课时为6课时，实践课时为8课时，共14课时。

二、工作过程

由于果蔬原料的成熟期短，产量集中，一时加工不完就需进行储备，以待继续加工并保证原料的全年供应。有些原料，如巴梨、莱阳梨、香蕉、柿子，要经过后熟过程才适于加工食用，这些原料也有进行储备的必要。

（一）盐腌处理

食盐腌制的方法有干腌和水腌两种。干腌适合于成熟度高，含水分多，易于渗透的原料，一般用盐度为原料的14%～15%，腌制时，宜分批拌盐，分层入池，铺平压紧，下层用盐较少，由下而上逐层加多，表面用盐覆盖隔绝空气。亦可盐腌一段时间以后，取出原料晒干或烘干成干胚保存。另一种腌制方法为水腌，适于成熟度低，水分少，不易渗透的原料，一般配制10%的食盐溶液将果蔬淹没。

（二）硫处理

在果蔬加工中，应用亚硫酸及亚硫酸盐处理是半成品保藏和果蔬干制最重要的措施之一。用亚硫酸及其盐类来保藏果蔬原料和其他方法相比有许多优点：① 此法无须冷热处理，可保持原料新鲜的状态和质地，较好地保持原料品质；② 用量低、价格低廉，保藏方法简便又经济；③ 二氧化硫易挥发，去硫较方便，在加工制品中不至于残留过量的二氧化硫；④ 亚硫酸为一种强还原剂，易被氧化，可以减少溶液中或植物组织中氧的含量，微生物常因得不到氧而窒息死亡；⑤ 亚硫酸还能抑制氧化酶的活性，可以防止果品、蔬菜中维生素C的损失。

但亚硫酸及其盐类保藏也有缺点，如它可使含花青素的果蔬褪色，不能抑制果胶水解酶，使果胶的胶凝力受到一定的破坏，果实硬度下降等。

生产上应用时也常以二氧化硫的浓度来表示亚硫酸及其盐类的含量。二氧化硫对霉菌和细菌的抑制效果比对酵母菌好，溶液中浓度达0.01%时，即可抑制大肠杆菌及多种细菌的生长发育；达0.15%时，可防止霉菌类的繁殖；达0.3%左右时，可抑制有害酵母菌的活动。二氧化硫能与原生质的某些基团发生反应，如能与水解酶和氧化酶的醛基结合，破坏酶的活性。二氧化硫还能与许多有色化合物结合变成无色衍生物，使红色果蔬褪色，失去光泽，若脱除二氧化硫色泽仍可复现。二氧化硫对类胡萝卜素影响不大，对叶绿素则无影响。

硫处理的具体方法主要有下面三种。

1. 熏蒸法

将需要保藏的果蔬原料放置在密闭的室内或塑料薄膜帐内，接受一定时间的二氧化硫处理后密闭保存。此法多用于果蔬干制，也用于葡萄的贮藏保鲜。

操作时，将果蔬箱堆成垛，各箱之内留有一定的空隙，然后在密闭的条件下通入二氧化硫气体，它可由硫磺燃烧而成，也可由钢瓶直接压入。若用硫磺，也可在密闭的室内直接燃烧，一般浓度为200 g/m^3。应选纯净、含杂质少的硫磺。熏硫的程度以果肉色泽变淡、核窝内有水滴，果肉二氧化硫含量达0.1%左右为宜。熏硫后的原料应在低温下密闭保存，贮藏期间二氧化硫的含量不应低于0.02%。

2. 浸渍法和加入法

用一定浓度的亚硫酸或亚硫酸盐溶液浸渍果蔬原料或直接加入到果蔬半成品内，以备日后加工，此法较简单。原料经预处理后放入耐酸腐蚀的容器中，注入亚硫酸或其盐类溶液至覆盖原料，置于冷凉处密封保藏。所用亚硫酸液的浓度可据实际要求预先计算，一般以果品内二氧化硫含量达0.15%～0.2%为度。

浸渍法保藏时由于亚硫酸及其盐类和二氧化硫对果胶酶活性抑制很小，一些水果经硫处理后就会果肉变软，导致质地变差。为防止这种现象，可在亚硫酸中加入适量石灰，借以生成酸式亚硫酸钙，使之既具有 Ca^{2+} 的增加硬度作用，又有亚硫酸的保藏作用，这对于一些质地柔软的水果如草莓、樱桃等比较合适。在果汁半成品、果馅糖浆和葡萄酒发酵用葡萄汁或浆中，亚硫酸可直接按允许剂量加入。

三、注意事项

操作过程中应注意以下问题。

（1）亚硫酸和二氧化硫对人体有害，人的胃中如有80 mg的二氧化硫即会产生有毒影响。对于成品中的亚硫酸含量，各国的规定不同，但一般要求在20 mg/kg以下。应用亚硫酸保藏原料和半成品时首先应注意到这一点。

（2）亚硫酸由于会解离成二氧化硫，与马口铁发生作用，生成硫化铁，所以罐藏的果蔬原料不应用亚硫酸保藏，如若采用，必须有脱硫措施。亚硫酸保藏适宜于干制、糖制、果酒等。二氧化硫与花色苷发生作用生成无色衍生物这一现象同样应引起注意。

（3）使用亚硫酸时应严格掌握质量标准，特别是重金属含量和砷的含量，如日本规定添加于食品的亚硫酸中结晶砷的含量应在5 mg/kg以下，其他重金属含量为50 mg/kg以下。

（4）亚硫酸保藏的原料或半成品在加工或食用前应脱硫，使二氧化硫的残留量达到规定值以下。脱硫的方法有加热、搅动、充气、抽空等。

【知识和技能考查】

一、填空题

1. 果蔬加工对原料总的要求是要有合适的＿＿＿＿、＿＿＿＿，＿＿＿＿和良好、新鲜完整的＿＿＿＿。

2. 果蔬加工原料的预处理包括＿＿＿＿、＿＿＿＿、＿＿＿＿、＿＿＿＿、＿＿＿＿、＿＿＿＿、＿＿＿＿、＿＿＿＿、＿＿＿＿、＿＿＿＿等工序。尽管果蔬种类和品种各异，组织特性相差很大，加工方法也有很大的差别，但加工前的＿＿＿＿基本相同。

3. 豆类中的豌豆等在国内外也常用＿＿＿＿进行分级。

4. 按＿＿＿＿分级是分级的主要方法，几乎所有的加工果蔬均需按＿＿＿＿分级。其方法有＿＿＿＿和＿＿＿＿两种。

5. 除分级板外，还有根据同样原理设计而成的分级筛，适用于＿＿＿＿、＿＿＿＿、＿＿＿＿及部分水果，分级效率高，比较实用。

6. 果蔬洗涤时常在水中加入＿＿＿＿、＿＿＿＿、漂白粉、高锰酸钾等化学试剂，既可减少或除去农药残留，还可除去虫卵，降低＿＿＿＿数量。

7. 果蔬的清洗方法可分为＿＿＿＿和＿＿＿＿两大类。

8. 手工清洗对于一些易损伤的果品如＿＿＿＿、＿＿＿＿、＿＿＿＿等较适宜。

9. 果蔬清洗的机械种类较__________，有适合于质地比较硬和表面不怕机械损伤的李、黄桃等原料的__________，番茄酱、柑橘汁等连续生产线中常应用的__________，适合于胡萝卜等较硬原料的__________以及用途广泛的__________等多种类型。清洗用水应符合__________标准。

10. 去皮时应注意，只要求去掉果蔬__________或__________的部分，不可过度，否则会增加原料的消耗，且产品质量差。

11. 果蔬原料去皮的方法主要有__________和__________。碱液去皮的具体处理方法有__________和__________两种。

12. 果蔬的烫漂，生产上常称__________，主要的设备有__________和螺旋式连续预煮机等。

二、名词解释

1. 碱液去皮　2. 热力去皮　3. 烫漂　4. 护色

三、简答题

1. 果蔬原料对加工产品质量的影响有哪些？
2. 请比较手工清洗与机械清洗的异同点。
3. 果蔬去皮的方法主要有哪些？
4. 烫漂的作用及其方法有哪些？

四、技能题

组织学生到食品企业实习，分组讨论食品企业具体生产工艺流程，总结工艺原料预处理的主要程序，并与课程学习内容比较，编写实习论文。

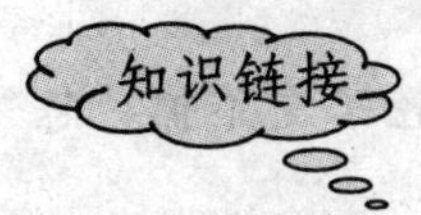

如何挑选水果

苹果

红富士应该挑黄里透红的，这样的红富士一般瓤是黄的，又脆又甜还有一点点酸，味很正。不要挑绿里透一点点红的，这样的一般味道都有点寡淡，水分可能也不少，但甜味一般较小。正宗的红富士苹果放在桌子上都是歪的，否则肯定不是正宗。“肚脐”陷下去深、皮上麻点多，用手指轻轻弹清脆有回声的，是又甜又脆的。

梨

梨要挑顶上的窝是双数，脐深，脐周围比较圆，把的根部粗的。

葡萄

葡萄要挑整串饱满、一粒粒长得密密的那种。挑葡萄不要看果粒，要看梗，新鲜的葡萄梗硬挺，绿色，如果梗软，颜色变深褐色，就是摘下来比较久的了，这样的葡萄虽然可能果粒看上去也比较挺实，但并不是真的新鲜。买“玫瑰香”葡萄尤其要注意，这种小粒的果实不容易保存。

香蕉

香蕉不要挑两头有绿色的，挑正常黄色略带芝麻点的，并且个儿不要太大，小些的才好，要圆润的，不要有棱角的。

猕猴桃

选猕猴桃一定要选头尖尖的，像只小鸡嘴巴的，而不要选扁扁的像鸭子嘴巴的。真正熟的猕猴桃整个果实都是软的，应挑选颜色接近土黄色的，这是日照充足的，会更甜。

草莓

草莓不要买太红的，颜色越是鲜艳就越酸，红里带点白的草莓最香甜了，也不要选个儿非常大，形状特奇怪的，要选大小一致的。

木瓜

买木瓜一般应挑表面斑点很多，颜色刚刚发黄，摸起来不是很软的。如果表面上还有点胶质的东西，那没关系，是糖胶，那样的会比较甜。买木瓜如果做木瓜排骨汤之类的，要买没有完全成熟的青皮木瓜，这种木瓜比较硬，一般不生吃。如果做甜品的话，就要买红色的夏威夷木瓜。

芒果

芒果含丰富的维生素A及纤维质，可以治疗晕车晕船，又能帮助增强肠胃蠕动，促进代谢，不用担心吃得过量。芒果一般身长核小，身短核大。芒果以十足成熟时最好吃。以皮色黄橙而均匀，表皮光滑无黑点，触摸时坚实而有肉质感，香味浓郁，果蒂周围无黑点为佳。

如何清洗水果

问题：葡萄表面有一层白霜，还黏附着一些泥土，手重了洗烂，手轻了洗不掉。怎么办?

清洗方法：把葡萄放在水里面，然后放入两勺面粉或淀粉，面粉和淀粉都是有黏性的，使清洗的效果较好。

问题：有许多人喜欢吃苹果时连皮一起吃，但现在许多保鲜技术使苹果表面残留化学物质不易清洗。怎么办?

清洗方法：苹果过水浸湿后，在表皮放一点盐，双手轻轻地搓洗，再用水冲干净，就可以放心吃了。

问题：新鲜的桃好吃，就是毛太多，难清除。怎么办?

清洗方法：可先用水淋湿桃，然后抓一把盐涂在桃表面，轻轻搓一搓后，再将桃放在水中泡一会儿，最后用清水冲洗干净，桃毛就全部去除了。也可以在水中加少许盐，将桃直接放进去泡一会儿，然后用手轻轻搓洗，桃毛也都全掉了。

问题：草莓鲜红艳丽，酸甜可口，是一种色、香、味俱佳的水果。但草莓外表高低不平，表皮很薄，清洗时稍稍用力就会破损。怎么办?

清洗方法：① 用流动自来水连续冲洗几分钟，把草莓表面的病菌、农药及其他污染物除去大部分（不要先浸在水中，以免农药在水中溶出后再被草莓吸收，并渗入果实内部）；② 把草莓浸在淘米水（宜用第一次的淘米水）及淡盐水（一面盆水中加半调羹盐）中3分钟（碱性的淘米水有分解农药的作用，淡盐水可以使附着在草莓表面的昆虫及虫卵浮起便于被水冲掉，且有一定的消毒作用）；③ 用流动的自来水冲净淘米水和淡盐水以及可能残存的有害物；④ 用净水（或冷开水）冲洗一遍即可。另外需提醒的是，在洗草莓前不要把草莓蒂摘掉，以免在浸泡过程中让农药及污染物通过“创口”渗入果实内，反而造成污染。

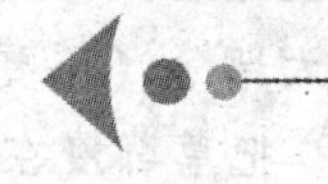

学习情境二　果蔬罐头加工

工作任务　青豆罐头、番茄酱罐头、桃罐头加工

【情境描述】

完成青豆罐头、番茄酱罐头、桃罐头加工。

【作业质量要求】

（1）掌握果蔬罐头排气、密封等使产品得以长期保藏的加工技术。

（2）掌握果蔬罐头制品对原料的要求，满足质量及卫生要求。

（3）掌握青豆罐头、番茄酱罐头、桃罐头的工艺流程、操作要点及工艺参数。

【学习目标】

掌握果蔬罐头制作的原理及一般工艺流程，熟练掌握青豆罐头、番茄酱罐头、桃罐头的工艺参数以及生产工艺的质量控制要点。

【技能目标】

掌握果蔬原料的选择及处理方法，罐头排气、密封和杀菌技术。学习果蔬罐头制作的工艺流程及操作要点，掌握各类罐头食品的质量控制要求，完成青豆罐头、番茄酱罐头、桃罐头的加工过程。

【所需设备、工具和材料】

（1）仪器、器皿：已消毒的四旋瓶，灭菌锅、盆，不锈钢锅、汤匙，波美表，台秤，不锈钢刀，折光仪，温度计。

（2）试剂：食盐（含氯化钠99%以上）、碳酸氢钠、白砂糖、氢氧化钠、柠檬酸、盐酸。

（3）原材：青豆、番茄、桃。

【相关知识】

19世纪初，世界贸易的繁荣促进了远洋运输业的发展，长时间生活在船上的海员，因吃不上新鲜的蔬菜、水果等食品而患病，有的还患了严重威胁生命的坏血病。法国拿破仑政府用12 000法郎的巨额奖金，征寻一种长期贮存食品的方法。

很多人为了得奖都投入了研究活动。其中有个经营蜜饯食品的法国人阿佩尔，曾在酸菜厂、酒厂、糖果店和饭馆当过工人，后来成为一名厨师。他在贩卖果酱、葡萄酒等食品时，发现有些食品往往易变质，有些却不易变质。他又偶然发现，密封在玻璃容器里的食品如果经过适当加热，便不易变质。阿佩尔从中受到了很大启发，开始对食品保藏的方法进行专门研究，经过10年的艰苦努力，终于成功。他的方法是：将食品处理好，再装入广口瓶内置于沸水锅中，加热 30 ~ 60 min 后，趁热用软木塞塞紧，再用线加固或用蜡封死。这种办法能较长时间保藏食品而不腐烂变质。这样制作的食品就是现代罐头的雏形。阿佩尔得到了法国政府的奖励，也受到了海员们的热烈欢迎。

阿佩尔的玻璃罐头问世后不久，英国人彼得·杜兰特制成了马口铁罐头，在英国获得了专利权。后来制作罐头的技术传到美国，波士顿、纽约等地出现了罐头工厂。1849 年，美国人亨利·埃文斯开了一家规模空前的罐头厂。1862 年，法国生物学家巴斯德发表论文，阐明食品腐败主要是微生物的生长和繁殖所致。罐头工厂因此采用蒸汽杀菌技术，使罐头食品达到绝对无菌的标准。

我国罐藏食品的方法早在 3 000 年前就应用于民间。最早的农书《齐民要术》中就有这样的记载："先将家畜肉切成块，加入盐与麦面拌匀，和讫，内瓷中密泥封头。"这虽然和现代罐头有所区别，但道理相同。

一些罐头制品如图 2－1 所示。

图 2－1　罐头制品

一、原理

新鲜果品或蔬菜由于其自身酶的作用或微生物侵染而会腐败变质，而果蔬罐头加工过程中采取了加热、排气、密封、加热杀菌等一系列措施，抑制或破坏了引起水果或蔬菜腐败变质的酶，有效地预防了微生物的侵染，从而达到果蔬长期保存的目的。

加热杀灭大部分微生物，抑制酶的活性，软化原料组织，固定果蔬原料品质；排气除去果蔬原料组织内部及罐头顶隙的大部分空气，抑制好气性细菌和霉菌的生长繁殖，有利于罐头内部形成一定的真空度，保证大部分营养物质不被破坏；密封使罐内与外界环境隔绝，防止有害微生物的再次侵入而引起罐内食品的腐败变质；加热杀死一切有害的产毒致病菌以及引起罐头食品腐败变质的微生物，改善食品质地和风味，实现罐头内食品长期保藏的目的。

二、罐头容器

（一）罐头容器的种类

罐头容器的种类如表 2－1 所示。生产罐头时，应根据原料特点、罐头容器特性以及加工工艺选择罐头容器。

表 2－1　罐头容器的种类

项目	容器种类			
	马口铁罐	铝罐	玻璃罐	软包装
材料	镀锡（铬）薄钢板	铝或铝合金	玻璃	复合铝箔
罐形或结构	两片罐、三片罐，罐内壁有涂料	两片罐、罐内壁有涂料	卷封边，旋转式，螺旋式，爪式	外层：聚酯膜 中层：铝箔 内层：聚烯烃膜
特性	质轻，传热快，避光，抗机械损伤	质轻，传热快，避光，易成形，抗大气腐蚀，易变形，不适于焊接，成本高，寿命短	透光，可见内含物，可重复利用，耐腐蚀，成本低，传热慢，易破碎	质软而轻，传热快，携带、开启方便，避光，阻气，密封性好

罐头容器对罐头食品的长期保存具有非常重要的作用，罐头容器应符合如下规定：① 对人体无害，不能与食品发生化学反应；② 密封性能好；③ 抗腐蚀性强；④ 便于工业化生产；⑤ 耐冲压，携带和开启方便。

（二）罐头容器的清洗和消毒

1. 金属罐的清洗和消毒

金属罐的清洗常使用下面的设备。

1）链带式洗罐机

它主要是采用链带移动金属罐，进罐一端采用喷头从链带下面向罐内喷射热水进行冲洗，其末端则用蒸汽喷头向金属罐喷射蒸汽消毒。

2）滑动式洗罐机

机身内装有金属条构成的滑道，金属罐在滑道中借本身重力向前移动。开始时罐身横卧滚动，随着滑道结构的改向，逐渐使金属罐倒立滑动，同时对罐身用喷头冲洗和消毒，然后又随着滑道的改向逐渐再转变成横卧移动滚出洗罐机。

3）旋转式洗罐机

它是一种效率高、装置简便、体积小的洗灌机。机身由两个并列连接的圆筒组成，圆筒内各有一个带动金属罐前进的星形轮，两星形轮旋转方向相反，因此金属罐在筒内由于星形轮的带动，成“S”形向前移动。金属罐入口处设有控制器，可以随时控制金属罐的进入，并能控制热水及蒸汽喷头的开关。金属罐进入第一个圆筒后，就由筒内的星形轮带动向前移动，并由喷头向罐内喷射热水进行清洗，待转到两圆筒接合处，金属罐即由第二个星形轮带动前进，此时由蒸汽喷头向罐内喷射蒸汽进行消毒，待金属罐转至第二个星形轮下部时，由出口处滑出。

2. 玻璃瓶的清洗和消毒

对于第一次使用的玻璃罐，先用温水浸泡，再用转动的毛刷逐个刷洗其内外壁，或用高压水冲洗其内外壁，然后在万分之一的氯水中浸泡消毒，最后用清水洗涤数次，倒置沥干水后，存放在卫生清洁的环境中备用。清洗后的玻璃瓶也可用热水或蒸汽消毒后备用，一般用95～100 ℃的水或蒸汽消毒处理10～15 min。

对于回收的旧玻璃瓶，通常瓶壁上有油脂和贴商标的胶水，应该用40～50 ℃、2%～3%的氢氧化钠溶液浸泡5～10 min，然后在热水中刷洗瓶的内外壁或用高压热水冲洗，最后用清水冲洗数次，倒置并沥干水后备用。旧瓶的洗涤也可用复合洗涤液，例如无水碳酸钠与磷酸氢钠配成的洗涤液，氢氧化钠、磷酸三钠以及水玻璃配成的洗涤液。

罐盖使用前也应清洗，再用95～100 ℃的水或蒸汽消毒处理3～5 min，沥干水分后备用，也可将洗净的盖用75%的酒精消毒。MDG型浸洗和喷洗组合洗瓶机如图2-2所示。

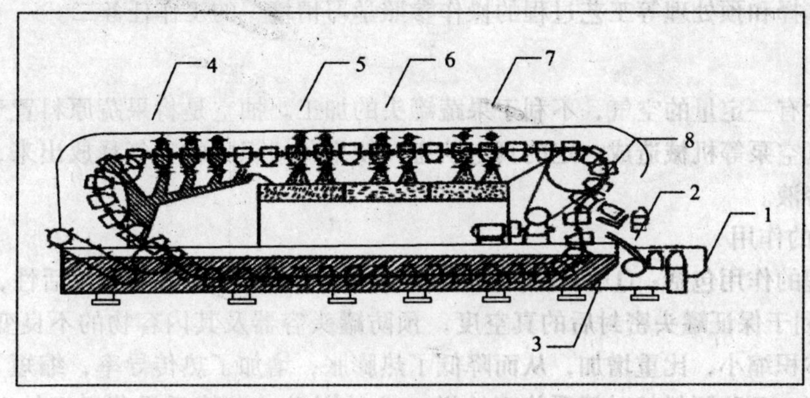

图2-2　MDG型浸洗和喷洗组合洗瓶机

1—平板链节输送带（载玻璃瓶用）

2—圆弧形轨道（供玻璃瓶在推瓶杆推动下沿轨提升，送入瓶模）

3—60 ℃、1%～5%氢氧化钠溶液浸槽

4—高压碱液内外冲洗

5—高压水内外冲洗（0.49 MPa、60 ℃）

6—高压水二次内外冲洗（0.198～0.294 MPa、50 ℃）

7—低压、低温水冲洗（39.2 kPa、20 ℃）

8—玻璃瓶从瓶模中下滑

（三）罐盖的打字

瓶盖可用75%酒精消毒。过去厂名及产品代号、日期分明打和暗打。在马口铁上打字要注意深度，否则会减弱马口铁的强度，导致泄漏。现在一般采用喷码打字。

（四）空罐的钝化处理

空罐钝化处理的目的是使锡层迟钝，不与食品发生化学反应。

方法：在碱性重铬酸钠溶液中浸泡（90 ℃不超过1 min），然后清洗。

采用的较少，代表有清蒸猪肉、原汁猪肉罐头；要求空罐镀锡量高，如33.6 g/m^2（双面）、22.4 g/m^2（双面）。

三、加工工艺

（一）加工工艺流程

罐头生产的工艺流程如图 2－3 所示。

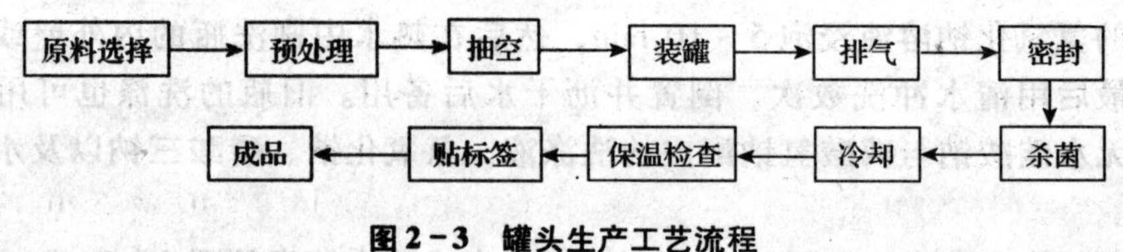

图 2－3 罐头生产工艺流程

（二）操作要点

1. 原料的选择和预处理

原料的选择和预处理等工艺过程的操作参照学习情境一的工作任务二。

2. 抽空

组织中含有一定量的空气，不利于果蔬罐头的加工。抽空是将果蔬原料置于密闭的容器内，利用真空泵等机械造成一定的真空状态，使果蔬组织中的空气释放出来，代之以糖水或无机盐溶液。

1）抽空的作用

抽空处理的作用包括：① 可排除果蔬组织内的氧气，钝化某些酶的活性，抑制酶促褐变；② 有利于保证罐头密封后的真空度，预防罐头容器及其内容物的不良变化；③ 使果蔬组织的体积缩小，比重增加，从而降低了热膨胀，增加了热传导率，缩短了罐头杀菌时的升温时间，预防原料长时间受热而软烂；④ 有效防止装罐后果蔬组织的上浮；⑤ 促进糖水的渗透，保证开罐时的固形物含量符合标准要求。

2）抽空的效果

抽空的效果主要取决于真空度、抽空的时间和温度与抽空液等四个方面。

一般要求真空度大于 79 kPa，在其他条件相同的情况下，真空度越高，抽空效果越好。此外，还应根据果蔬种类及其组织结构确定真空度。对于果蔬组织结构致密的原料，真空度应大些；而组织结构松软的原料，真空度应小些。否则，会造成毛边现象。

温度越高，抽空效果越好，但抽空温度必须小于抽空时的真空度所对应的水的沸点温度。否则抽空液水分大量蒸发，容易引起果蔬组织失水，而且温度太高，易引起果蔬组织软烂。一般要求抽空液的温度不超过 55 ℃。

在其他条件一定的条件下，抽空时间越长，抽空效果越好，一般要求抽空时间为 5 ~ 10 min。

抽空液的浓度不同，抽空效果也有差异。在实际操作时，若以糖溶液作为抽空液，抽空液的渗透压应略高于果蔬组织细胞的渗透压。当抽空液的渗透压高于果蔬组织细胞的渗透压时，果蔬组织中的水分向抽空液扩散，果蔬组织失水皱缩，体积变小，重量减轻；当抽空液的渗透压低于果蔬组织细胞的渗透压时，抽空液中的水分向果蔬组织扩散，发生吸胀增重。此外，抽空液与抑制酶促褐变有关。同一种抽空液，浓度越高，越有利于抑制酶促褐变。相同浓度的不同抽空液对于抑制酶促褐变的效果也不同。用 1% ~ 3% 的食盐溶液、15% ~20%的蔗糖溶液或0.5% ~2%的氯化钙溶液作为抽空液，可有效地抑制酶促褐变。在抽空液中少量添加柠檬酸、亚硫酸或亚硫酸氢钠，可进一步提高护色效果。

此外，果蔬成熟度、组织结构与体积对抽空效果也有影响。对于成熟度差、组织致密、体积大的原料应提高真空度和抽空温度，并延长抽空时间；反之，则可适当降低抽空时的真空度与温度，并缩短抽空时间。

3）抽空的方法

抽空的方法可分为干抽法和湿抽法两种。

采用干抽法时，将果蔬原料置于空罐后密封，抽空并吸出果蔬原料组织中的空气，然后利用负压吸入一定浓度的抽空液，并淹没果蔬原料，其液面应超出原料表层5 cm以上。

采用湿抽法时，将果蔬原料置于能密封的空罐内，再按抽空液与原料之比为1:1.2的比例加入抽空液，然后密封、抽空，从而排出果蔬组织中的气体。

3. 装罐

装罐之前，除对果蔬原料进行合理的处理外，还必须做好空罐的准备工作和罐注液的配制。

1）空罐的准备

空罐的清洗和消毒见前文所述。将清洗消毒的罐头容器与盖检查后方可装罐。一般来讲，铁罐要求罐形符合标准，缝线与焊缝均匀完整，罐壁无锈斑和脱锡现象，内壁涂料均匀且无漏斑，罐口与罐盖边缘无缺陷或变形。玻璃罐要求罐口平整，无裂纹，罐壁无气泡。所有罐要求清洗干净。

2）罐注液的配制

除果汁、果酱、干制品罐头外，大多数果蔬罐头要求加注糖或食盐溶液，称为罐注液或填充液。一般果品罐头的罐注液为糖溶液，蔬菜罐头的罐注液为食盐溶液。罐注液对改善罐头食品风味、提高品质、延长保质期均有重要的意义。罐内注入罐注液可以提高罐头杀菌时的传热和升温速度，保证杀菌效果；在罐头内注入较高温度的罐注液后再封罐，能够提高罐头内真空度和罐头杀菌的初温，有利于延长产品保质期和提高护色效果。

（1）糖溶液的配制。在配制糖溶液前，首先应根据罐头质量标准所要求的开罐时糖溶液的浓度与果蔬原料本身的可溶性固形物含量来计算灌注液的浓度，计算方法如下：

$$W_1A + W_2X = (W_1 + W_2)B \qquad (2-1)$$

根据（2-1）式推出：

$$X = \frac{(W_1 + W_2)B - W_1A}{W_2} \qquad (2-2)$$

式中：W_1——每罐装入的果肉重，g；

W_2——每罐注入的糖液重，g；

A——原料的可溶性固形物含量，%；

B——罐头质量标准所要求的开罐时的糖液浓度，%；

X——配制的糖液浓度，%。

即使是同一种原料，由于产地或成熟度的不同，其可溶性固形物的含量也不同，所以配制的糖液浓度应随每批原料可溶性固形物含量变化而调整。

根据生产计划与所需糖液的浓度计算并称取白砂糖，将糖用少量水在夹层锅内加热溶解，配成浓糖浆并过滤，将过滤后的浓糖浆在稀释槽内稀释至要求的糖浓度。有时糖溶液中需加入柠檬酸，则应加热将糖溶解后再加入柠檬酸，以防柠檬酸加入过早导致糖转化过多，还原糖与蛋白质在加热杀菌时形成黑蛋白素而影响产品色泽。

配制糖液不仅要求糖浓度精确，而且对原料糖、配料用水以及用具都有严格的要求。要求糖的纯度在99.5%以上，不含杂质或有色物质，特别要求二氧化硫在糖中的残留极少（否则，硫化物会对铁罐内壁造成腐蚀，形成金属硫化物，金属硫化物在罐头固形物表面形成黑色污斑，影响产品质量），所以一般要求选用硫酸法生产的糖，而不选用残留二氧化硫较多的亚硫酸法生产的糖。配制糖液用水要求符合饮用水的卫生标准，最好选用软水。配制糖液时不能使用铁器，糖液要求当天配制，当天使用。

（2）盐溶液的配制。蔬菜罐头的罐注液一般为盐溶液，浓度为1%～4%，应根据产品质量标准要求的盐溶液浓度与生产计划计算并称取所需食盐，将盐用少量水在夹层锅内加热溶解而配置成浓的盐溶液，除去上层泡沫，过滤后静置，取清液稀释至所需浓度。

配制罐注液所用盐的纯度直接影响罐头产品的质量，一般要求盐的纯度为98%以上。若盐中含有铁，铁离子本身带色，使罐注液变色，铁还与果蔬中的单宁发生反应，形成黑色物质；钙盐会使罐注液发生沉淀，镁盐会使罐注液呈苦味。

3）装入原料

按产品质量的标准要求对预处理后的果蔬原料进行挑选和修整，去除变色、软烂或有病虫害的原料，然后按形状大小分别装罐。装罐的方法有人工装罐和机械装罐两种。对于大部分的果蔬罐头，因原料形态、成熟度、色泽等差异很大，成品罐头内的固形物排列各异，所以固形物通常采用人工装罐；对于小的果蔬丁、块、粒状原料，可采用机械法装罐。罐注液一般采用机械法灌注。

应将预处理后的果蔬原料和配制好的罐注液迅速装罐并及时封口，否则会增加微生物污染机会，降低封罐后的罐中心温度与罐内真空度，影响罐头的杀菌效果与产品的保质期。

每罐的净重和固形物含量应符合罐头质量标准要求。一般要求每罐净重的公差为±3%，出口罐头不允许有负公差。净重指罐头内容物的重量，即罐头容器及其内装食品的总重量减去罐头容器的重量后所得重量。固形物含量指罐内固态食品重量占净重的百分数，一般要求每罐固形物含量为45%～65%。

4. 排气

排气是食品装罐后、密封前将罐内顶隙间的、装罐时带入的和原料组织内的空气尽可能从罐内排除，从而使密封后罐头顶隙内形成部分真空的技术措施。排气的目的可归纳为以下几点。

（1）阻止需氧菌及霉菌的发育生长。

（2）防止或减轻因加热杀菌时空气膨胀而造成的容器变形或破损（尤其是卷边受到压力后，易影响其密封性）。

（3）控制或减轻罐头食品贮藏中出现的罐内壁腐蚀。

（4）避免或减轻食品色、香、味的变化。

（5）避免维生素和其他营养素遭受破坏。

（6）有助于避免将假胀罐误认为腐败变质性胀罐。

此外，对于玻璃罐，排气还可以加强金属盖和容器的密合性，即将覆盖在玻璃罐口上的罐盖借大气压力紧压在罐口上，同时还可减轻罐内所产生的内压，减少出现跳盖的可能性。玻璃本身具有透光性，光线会促使残氧破坏食品的风味和营养素，因此，排气也有利于减弱光线对食品的影响，提高食品的耐贮性。

1）罐头的排气方法

罐头的排气方法包括加热排气、真空封罐排气和蒸汽喷射排气。

（1）加热排气。运用热胀冷缩的原理，加热升温排除罐内空气。

优点：设备简单，适用于小企业，容易排除组织内、罐下部的气体。热力排气通常适用于液态或半液态以及注入糖水或盐水容易取得加热效果的食品。

缺点：加热对果蔬色、香、味、组织形态不利，速度慢，排气箱占空间。除条件差的企业，一般较少使用此方法。学生实验用铝锅蒸，这是一种较好的方法。若用于鱼类罐头等固态食品，还需要配置特殊的加热设备或特别长的排气箱，即使如此，效果仍然不理想。

（2）真空封罐排气。利用专门的真空封罐机，在真空密封室内排气和密封瞬间一步完成。真空密封室真空度为46.65～53.32 kPa（48±4 kPa）。

优点：速度快，排气和密封一步完成，便于大规模生产；无加热，无排气箱占空间。这是现在使用最多的方法。真空封罐排气和热力排气相比，真空封罐设备占地面积小，并能使加热困难的罐头食品内形成较好的真空度。如操作恰当，罐内内容物外溅比较少，比较清洁卫生。应用广泛，对鱼肉固态食品和孔隙非常多而汤汁少的蔬菜罐头适用。

缺点：设备贵，一些小企业不愿意买；不容易排除组织内的气体；糖液和盐液多的罐头食品真空封罐时容易在密封室内出现汁液外溅现象。

真空封罐时，封罐机真空室的真空度和罐内食品的温度是控制罐头真空度的基本因素。有时由于某些原因真空封罐机真空室的真空度只能达到某一程度，此时，要想保证罐头获得最高的真空度就要通过控制食品的温度来实现。如果真空封罐机的性能不好，真空仓的真空度达不到要求，就需要采用补充加热的措施来提高食品的温度，使罐头获得可能达到的最高真空度。真空膨胀系数高的食品需要补充加热。真空封口时，有时罐内食品会出现真空膨胀现象（真空膨胀是食品处于真空环境中后，食品组织细胞间隙内的空气会膨胀，导致食品的体积膨胀，使罐内汤汁外溢）。膨胀的程度常用真空膨胀系数来表示。真空膨胀系数就是真空封口时食品体积的增加量在原食品体积中所占的百分比，即：

$$K_{膨} = \frac{V_2 - V_1}{V_1} \times 100\% \qquad (2-3)$$

式中：V_1——真空封罐前食品体积；

V_2——真空封罐后食品体积；

$K_{膨}$——真空膨胀系数。

不同的食品在真空环境中的膨胀情况不同。膨胀显著的，为防止汤汁的外溢，真空封口时真空度不能太高，一般控制在 33.3 ~ 59.99 kPa（48 ±4 kPa）。在这种情况下，要使罐头得到最高真空度就需补充加热使食品温度升高，排除食品组织中的空气，降低真空膨胀。

真空吸收程度高的食品需要补充加热。真空封罐后罐内食品常会出现真空度下降，即真空密封的罐头静置 20 ~ 30 min 后其真空度会比刚封好时低的现象，这就是真空吸收现象。这是因为在真空封罐机内，在较短的抽气时间内食品组织细胞间隙内的空气未能得到及时排除，以致在密封后逐渐从细胞间隙内向外溢，于是罐内的真空度也就相应降低，有时还可以使罐内真空度在开始杀菌前达到完全消失的程度。各种食品的真空吸收程度不同，常用真空吸收系数来表示：

$$K_{吸} = \frac{P_{W末}}{P_{W始}} \times 100\% \qquad (2-4)$$

式中：$P_{W始}$——真空封口时罐内的真空度；

$P_{W末}$——真空封口后静置 20 ~ 30 min 后的罐内真空度；

$K_{吸}$——真空吸收系数。

（3）蒸汽喷射排气。向罐头顶隙喷射蒸汽和赶走空气；立即密封；形成真空。

缺点：不能排除组织内空气和底部空气；有足够顶隙才有效果；使用较少。

蒸汽喷射排气一般只限于氧溶解量和吸收量极低的一些食品罐头。它的技术关键是罐内是否有足够的顶隙度，与热力排气、真空封罐排气相比，控制顶隙度显得特别重要。不论是真空封罐还是蒸汽喷射排气，封罐后所得的真空度均随溶解和吸收于食品中的空气外溢的程度而异，不很稳定，某些食品的真空度会高一些，而另一些则低一些。为此，它们一般不用于空气吸收量和氧溶解量高的食品罐头的排气。若要获得高而稳定的真空度，则封罐前装罐应合理，密封前应预先将罐内空气排除到最少的程度。为了获得较好的真空度，尤其是蒸汽喷射排气，需要和加热排气结合使用，或在封罐前使用真空加汁机预先进行抽气处理。

2）影响排气效果（真空度）的因素

影响排气效果的因素主要有以下几点。

（1）排气温度和时间。对加热排气而言，排气温度越高，时间越长，最后罐头的真空度也越高。因为温度高，罐头内容物升温快，可以使罐内气体和食品充分受热膨胀易于排除罐内空气；排气时间长，可以使食品组织内部的气体得以充分地排除。

（2）食品的密封温度。食品的密封温度即封口时罐头食品的温度。罐头的真空度随密封温度的升高而增大，密封温度越高，罐头的真空度也越高。

（3）罐内顶隙的大小。顶隙是影响罐头真空度的一个重要因素。如对于真空封罐排气和蒸汽喷射排气来说，罐头的真空度是随顶隙的增大而增大的，顶隙越大，罐头的真空度越高。

（4）食品原料的种类和新鲜度。各种原料都含有一定的空气，原料种类不同，含气量也不同，同样的条件下空气排除的程度不一样。尤其是采用真空封罐排气和蒸汽喷射排气时，原料组织内的空气不易排除，杀菌、冷却后原料组织中残存的空气在贮藏过程中会逐渐释放出来，而使罐头的真空度下降。原料的含气量越高，真空度下降程度越大。原料的新鲜程度也影响罐头的真空度。因为不新鲜的原料的某些组织成分已经发生变化，高温杀菌将促使这些成分的分解而产生各种气体，如含蛋白质的食品分解释放出 H_2S、NH_3等，果蔬类食品产生 CO_2。气体的产生使罐内压力增大，真空度降低。

(5) 食品的酸度。食品中含酸量的高低也影响罐头的真空度。食品的酸度高时，易与金属罐内壁作用而产生氢气，使罐内压力增加，真空度下降。因而对于酸度高的食品最好采用涂料罐，以防止酸对罐内壁的腐蚀，保证罐头真空度。

(6) 外界气压的变化。罐头的真空度还受大气压力的影响。大气压降低，真空度也降低。大气压又随海拔高度而异，所以罐头的真空度受海拔高度的影响，海拔越高气压越低，罐头真空度越低，反之亦然。

(7) 外界气温的变化。罐头的真空度是大气压力与罐内实际压力之差。当外界温度升高时，罐内残存气体受热膨胀压力提高，真空度降低。因而外界气温越高，罐头真空度越低。

3）罐头真空度的检测方法

常用真空计测量罐头的真空度。真空计由一个表盘和空心尖头针管组成，针管周围包有一个橡皮垫座，针头不突出橡皮垫座。测量时，用拇指和食指紧握表盘。橡皮垫座放在罐盖靠边处，用力向下压，针头穿破罐盖可插入罐头顶隙，表盘上的指针所指的位置即为罐内真空度。用真空计测量的罐头真空度比罐内实际的真空度小。在没有真空计的情况下，可利用打检捧测罐内真空度。用打检捧敲击罐盖，根据声音判别罐内真空度的大小。若敲击时发出清脆悦耳的叮叮声，则罐内真空度较高；若声音发空且混浊噪耳，则罐内气体较多，真空度低。

5. 密封

密封状况是决定罐内食品能否长期保存的关键工序。密封良好的罐头经杀菌后，罐头内容物与外界隔绝，不会受外界微生物的再次侵染，使得罐头食品长期贮藏。

罐头的密封可采用手工法或机械法，不同类型的罐头，采用的封罐方法不同。对于三旋、四旋和六旋罐，通常采用手工旋紧法，铁罐或卷封式玻璃罐等通常采用机械法，常用的封罐机有手扳式封罐机、半自动封罐机和全自动封罐机。不管采用何种方法封罐，都要求罐头具有良好的密封性。

1）金属罐的密封

金属罐的密封通常采用半自动封罐机或全自动封罐机，个别小厂采用手扳式封罐机。手扳式封罐机通常不配抽空装置，所以加热排气后方可封罐。半自动封罐机和全自动封罐机配有抽真空装置，封罐前不需要加热排气，其原理是将待密封的罐头推进封罐机的密封室，由真空泵通过连接的管道把密封室内及罐内的空气抽出，而后再密封。

2）玻璃罐的密封

卷封式玻璃罐的密封通常采用手扳式封罐机、自动封罐机和真空封罐机。其原理是：玻璃罐由托盘上升时与罐盖压头吻合，玻璃罐由旋转的压头带动而旋转，然后在滚轮推动下将罐盖及其胶垫密合在罐口凸缘处。卷封式玻璃罐密封后，要求卷边平滑，卷边下缘无锯齿状波纹或裂口；胶垫完整且无皱折；罐盖与罐身紧密结合，不易松动。

旋转式玻璃罐的密封：这种罐的罐口有三条、四条或六条凸出而倾斜的螺纹线，每条螺纹线的尾端与第二条螺旋线的始端交错衔接，构成一圈首尾相互交错衔接的圈纹，罐盖下缘也相应具有三个、四个或六个向内卷曲延长的爪，盖内垫有橡胶垫圈，盖爪与罐口凸出的螺纹线紧扣，达到严密封紧的程度。这类罐头的封口通常采用手工旋紧或旋盖拧紧机旋紧。

封罐前，在罐盖上打印代号，即用字母和数字来代表产品生产的年月日、班组、产品类别及生产厂家，以便于成品质量检查。

6. 软罐头的装料、排气、密封

1）软罐头的装料

软罐头的装料有两种方式，即手工装料和装料机装料。装料机通常采用定容法进行定量，所以装料机一般用于粉状、小颗粒状和流体食品的分装，而果蔬原料没有固定的形状和大小，一般采用重量法定量。因此，果蔬软罐头的固形物部分通常采用手工装料，罐注液可采用装料机灌装。软罐头的装料应注意以下事项：装料前，袋内插入扩袋鸭嘴器而打开袋口；装料时，袋口不能粘有果蔬原料的碎粒、小片以及罐注液，否则会影响软罐头的密封效果。

2）软罐头的排气

软罐头的排气目的和其他罐头的排气目的相同，但软罐头排气的方法却不同。对于含有罐注液的软罐头，常用抽气管法、加压式排气法和蒸汽喷射法。抽气管法是将真空管插至预留的密封边处，将空气吸出，再抽出管子并密封，有时管子会粘有食品及其汁液，污染封边，影响密封效果。加压式排气法常用于液态食品占大部分的软罐头的排气，具体操作是先用狭条夹板将食品层以上的袋夹紧，阻止袋内食品向上冲，然后挤压狭条夹板以上的袋，排掉其中的空气，密封。蒸汽喷射法就是向已经填充食品物料的袋内喷射蒸汽，排出其内的空气，然后密封。

3）软罐头的密封

软罐头密封常用的方法是脉冲法，即在低压条件下，极细的电阻丝瞬间通过高密度的电流，加热板温度瞬间上升到要求的高温，使封边内的两膜层因受热而相互黏合。

7. 杀菌、冷却

1）杀菌的目的及其意义

目前罐头的杀菌多数采用热杀菌。其目的是在加热的条件下，杀灭绝大多数对罐内食品起腐败作用和产毒致病的微生物，使罐头食品在保质期内具有良好的品质和食用的安全性，罐头加工时，采取了排气工艺，罐内具有一定的真空度，可有效抑制好气性微生物。罐头食品的杀菌属商业杀菌，不能杀灭罐头内所有的微生物，特别是一些嗜热的细菌，而主要是杀灭那些在厌氧条件下仍能活动的微生物，同时也杀灭了部分好氧微生物。

2）杀菌与冷却的方法

目前罐头食品的杀菌方法通常采用常压杀菌法和加压杀菌法。果蔬罐头罐内食品的 pH 值低于 4.5 的，通常采用常压杀菌；罐内食品的 pH 值大于 4.5 的，通常采用加压杀菌。

常压杀菌是将罐头放入常压的沸水中进行热处理的过程。只要罐内 pH 值小于 4.5，常压杀菌适用于所有不同包装的罐头杀菌。常压杀菌时，罐头必须保持在热水的液面下 10

~15 cm处，而且保持杀菌温度不变。海拔高度的增加，会使大气压降低，大气压的降低导致水的沸点下降，所以在高海拔地区进行罐头生产时，常压杀菌的温度较低，为了保证杀菌效果，必须延长杀菌时间。一般要求海拔每升高300 m，延长20%的杀菌时间。根据其操作上的差异，常压杀菌可分为间歇式、连续式和连续搅动式。间歇式杀菌所需设备最简单，可在能加热的锅内进行，但工作效率较低，连续式和连续搅动式杀菌所需设备较复杂而且昂贵，但工作效率大大提高。

常压杀菌的罐头冷却通常采用喷淋或冷水浸两种方法，可先淋后浸。铁盒罐头经常压杀菌后，可直接放入冷水冷却，玻璃罐头则应采用分段降温，每段内的温差不超过20~25 ℃。冷却到38~40 ℃时，从冷却水中取出罐头，擦干罐体表面。

加压杀菌可分为加压蒸汽杀菌和加压水杀菌两种方法。在加压杀菌的条件下，杀菌锅内的蒸汽或水的温度和压力均比常压杀菌时高，罐头内的温度和压力也高，所以在加压条件下，可有效缩短杀菌时间。加压杀菌包括排气升温、杀菌、降温三个阶段。从杀菌锅内导入蒸汽直至温度升至杀菌温度的阶段称为排气升温阶段，包括排气阶段和升温阶段。杀菌锅内导入蒸汽前，先将排汽阀打开，然后打开蒸汽阀并导入杀菌锅内，利用蒸汽将锅内空气排出，当排气阀排出的气体呈灰色时即为纯蒸汽，杀菌锅内空气已排净，关闭排气阀，这一过程称为排气阶段。杀菌锅内的空气排净后，关闭排气阀，继续向杀菌锅内通入蒸汽，直至锅内温度达到预定的杀菌温度，这一过程称为升温阶段。达到预定杀菌温度时，根据锅内的温度与压力对应情况推断杀菌锅内空气是否排净。当杀菌锅内的温度与当时的压力条件下相对应的纯蒸汽的温度一致时，杀菌锅内的空气被排净，否则杀菌锅内还有残留的空气。升温结束后，进入杀菌阶段。从杀菌锅的温度升至预定杀菌温度开始至维持该温度到预定杀菌时间的过程称为杀菌阶段。杀菌期间的温度波动应控制在±0.5 ℃的范围内。

杀菌阶段完成后，应进行冷却。在高压条件下杀菌的罐头内温度和压力较高，冷却时，杀菌锅内的压力急剧下降，而罐头内的压力不能相应地大幅度下降，即罐头内外压差急剧增加，导致铁罐卷边松弛，乃至爆罐（玻璃瓶盖有可能发生跳盖现象，软罐头会发生胀裂现象）。所以高压杀菌后，应采用反压冷却。反压冷却就是罐头在高压杀菌锅内冷却时，要求杀菌锅内保持一定压力，直至罐头内压力和外界大气压接近时，才能逐渐将锅内压力降低到常压。反压冷却包括三种方法：冷水反压冷却、空气反压冷却和蒸汽反压冷却。这三种反压冷却的原理大致相同，它们分别利用高压水、压缩空气或高压蒸汽弥补降温操作导致的杀菌锅内的压力下降，使杀菌锅内在冷却过程中的压力始终不低于杀菌时的杀菌锅内压力，直至罐头内压力小于外界大气压时，才能削减杀菌锅内压力，打开杀菌锅进行常压冷却。

3）影响罐头杀菌效果的因素

下面是影响罐头杀菌效果的一些因素。

（1）食品的特性。这里包括：① 食品的pH值对微生物的耐热性有很大的影响，当pH值低时，微生物的耐热性减弱，所以当罐内食品的pH值小于4.5时，可采用常压杀菌，当罐内食品的pH值大于4.5时，必须采用加压杀菌；② 罐内食品的状态也影响杀菌效果，因为流体的传热速度较半流体和固体快，有利于罐头杀菌时的升温，所以在相同的条件下，流体类罐头食品的杀菌效果较半流体或固体类罐头食品的杀菌效果好；③ 食品中的部分成分也影响杀菌效果，除果蔬原料中的酸性成分通过降低食品的 pH 值而影响杀菌效果外，果蔬原料中一些胶体成分也影响杀菌效果，胶体成分的溶出，使罐内食品的黏度增加，降低了罐内食品的热传导，从而影响了杀菌效果。

(2) 杀菌方式。加压杀菌的效果较常压杀菌的好。即使采用同一种杀菌方式，由于杀菌时的操作不同，也影响杀菌效果，如连续搅动式常压杀菌的效果较间歇式常压杀菌与连续式常压杀菌的效果好。

(3) 罐头容器。罐头容器的大小、罐形以及包装材料的导热系数均对杀菌效果有影响。容积大的罐，从罐壁至罐头中心的距离大，所以大罐的中心温度升至杀菌温度所需时间较小罐的长。相同体积而罐形不同，传热速度也不同，如扁形罐头杀菌升温所需时间较短。包装材料导热系数大的罐头杀菌所需升温时间较导热系数小的短。当然，导热系数较小的罐头冷却时，有一段时间处于较高温度，所以需要适当缩短杀菌处理的时间。此外，同一包装材料的罐头，罐壁厚的罐头杀菌所需升温时间较长。

(4) 罐头初温。罐头初温低，罐头进入杀菌器后，罐头升温至杀菌温度所需时间长；反之，升温所需时间短。所以，采用加热排气的罐头密封后应及时进行杀菌处理。

(5) 杀菌器操作的初始温度。罐头放入杀菌器前，先将杀菌器内的水加热至一定温度，这缩短了罐头杀菌时的升温时间，提高了杀菌效率。

(6) 装罐方式。罐内原料填装的紧实度、排列方式以及是否有流体物质均影响罐头杀菌的升温时间。其中罐头内是否有流体物质对杀菌影响最大，罐内有流体物质时，热传导速率加快，罐头杀菌时所需升温时间较短。

(7) 杀菌锅内的排气情况。采用加压杀菌时，杀菌锅的排气情况对杀菌有很大的影响。若杀菌锅内的空气未排净，在杀菌器内形成绝热死区，会影响杀菌效果。

(8) 海拔高度。采用常压杀菌时，海拔越高，水的沸点越低，即常压杀菌的温度也低，杀菌效果差。

(9) 原料的微生物污染程度。微生物全部被杀死所需时间与原料中的菌数有关，菌数越多，罐内微生物全部被杀死所需时间越长。

8. 保温检查与贴标签

将杀菌、冷却后的罐头放入保温室内，中性或低酸性罐头在 37 ℃下保温一周，酸性罐头在 25 ℃下保温 7 ~ 10 天。未发现胀罐或其他腐败现象，即检验合格，贴标签。标签要求贴得紧实、端正、无皱折。

四、罐头的质量标准

1. 感官指标

容器密封完好，无泄漏、“胖听”现象存在。容器外表无锈蚀，果蔬内壁涂料无脱落。内容物具有该品种果蔬类罐头食品的正常色泽、气味和滋味，汤汁清澈或稍有混浊。

2. 理化指标

罐头的理化指标如表 2 - 2 所示。

表 2-2　罐头的理化指标

项目	锡（以 Sn 计）	铜（以 Cu 计）	铅（以 Pb 计）	砷（以 As 计）
指标/(mg/kg)	≤200	≤5.0	≤1.0	≤0.5

3. 微生物指标

符合罐头食品商业无菌要求，即罐头食品经过适度的杀菌后，不含有致病性微生物，也不含有在通常温度下能在其中繁殖的非致病性微生物。

【工作任务详述】

一、工作课时

本单元的理论课时为 8 课时，实践课时为 6 课时，共 14 课时。

二、工作过程

青豆罐头加工

（一）加工工艺流程

青豆罐头的外形与加工工艺流程分别如图 2-4 和图 2-5 所示。

图 2-4　青豆罐头

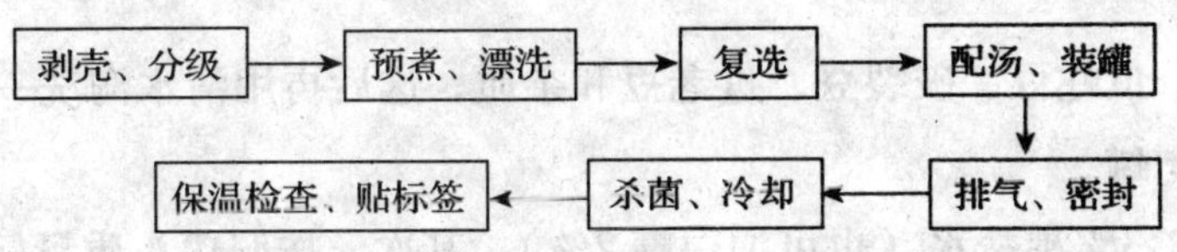

图 2-5　青豆罐头加工工艺流程

（二）操作要点

供罐藏的豌豆品种同株上的豆荚成熟度应一致，采收时豆荚膨大饱满，荚长 5 ~ 7 cm，内部种子幼嫩，色泽鲜绿，风味良好，固形物含量高。

1. 剥壳、分级

收获的青豆可采用人工或机械剥壳。用剥壳机剥壳时，应根据青豆的老嫩调整剥壳机的转速，原料太湿时应将豆壳表面水分吹干，投料要均匀，以防打伤豆粒。

青豆的分级通常采用两种方法，即直径法与比重法，而最常用的是比重法。直径法是采用孔径为7、8、9、10 mm 的筛将青豆分为四个级别（见表2－3）。比重法是用不同浓度的盐水进行浮选分级，常用盐水的浓度如表2－4所示。将青豆放入低浓度的盐水中，上浮的为一级，将下沉的青豆再放入浓度略高的盐水中，上浮的为二级，依此类推最高浓度的盐水中下沉的青豆不能用于制作罐头。经盐水浮选的青豆用清水冲洗，然后沥干表面大部分水分后备用。

表2－3　豆粒大小分级

级数	一	二	三	四
豆粒直径/mm	7	8	9	10

表2－4　浮选分级常用盐水浓度

采收期	食盐溶液	豆粒等级			
		一	二	三	四
前期	比重（15 ℃/4 ℃）	1.014～1.02	1.028～1.034	1.035～1.049	1.056～1.066
	重量百分比/%	2～3	4～5	5.3～7	8.1～9.5
	波美/Be	2～3	4～5	6～7	8～9
后期	比重（15 ℃/4 ℃）	1.056～1.066	1.072～1.083	1.090～1.099	1.107～1.115
	重量百分比/%	8.1～9.5	10.3～11.5	12.5～13.3	14.8～16
	波美/Be	8～9	10～11	12～13	14～15

2. 预煮、漂洗

将不同等级的青豆分别在沸水中煮制3～5 min。有时在沸水中加入0.05%的碳酸氢钠，碳酸氢钠的主要作用是护绿，因为它可使水呈中性偏碱，而叶绿素在中性或弱碱性条件下稳定。预煮后捞出，立即投入冷水中漂洗，漂洗时间一般为30～60 min（嫩的青豆漂洗30 min左右，老的青豆漂洗30～60 min），否则，制成的罐头杀菌后豆破汁浑。

3. 复选

剔除斑点豆、虫蛀豆、破裂豆、过老豆和杂质，选后再用清水淘洗一次。

4. 配汤、装罐

首先，配制2.3%沸盐水（也可加白糖2%）。其次，按照罐头质量标准要求的每罐固形物含量，将不同级别的青豆分别装罐。每罐内装的青豆大小、色泽应基本一致。入罐时汤汁温度高于80 ℃。装罐量：450 g瓶装青豆罐头中青豆240～260 g，汤汁190～210 g。

5. 排气、密封

采用抽空法排气时，罐注液不必加热，真空室内的真空度应达40 000 Pa；采用加热排气时，罐内中心温度不低于70 ℃，在90～95 ℃条件下热排气5～6 min。排气后迅速密封。

6. 杀菌、冷却

青豆罐头采用加压杀菌反压冷却。杀菌条件与容器大小及净重有密切关系。冷却至 38～40 ℃，擦干罐体表面。

7. 保温检查、贴标签

样品罐头在 37 ℃的条件下保温处理 7 天，未发现胀罐和其他腐败现象，则可贴标。标签要求贴得紧实、端正、无皱折。

（三）质量标准

青豆罐头的感官指标应符合表 2－5 的要求，理化指标应符合前文表 2－2 的要求，微生物指标应符合罐头食品商业无菌的要求。

表 2－5　青豆罐头的感官指标

等级	优级品	一级品	合格品
色泽	豆粒为青黄色或黄绿色，允许汤汁略有混浊		豆粒为青黄色或淡黄色，允许汤汁混浊
滋味气味	具有青豆罐头应有的滋味及气味，无异味		
组织形态	组织软硬适度，同一罐中豆粒大小大致均匀，允许污斑豆、红花豆、虫害豆的总量不超过固形物重（下同）的 1%，轻度污斑豆不超过 4%，破片不超过 8%，黄色豆不超过 1.5%，外来植物性物质不超过 0.5%，但以上五项的总量不超过 10%	组织软硬较适度，同一罐中豆粒大小较均匀，允许污斑豆、红花豆、虫害豆的总量不超过固形物重（下同）的 1%，轻度污斑豆不超过 5%，破片不超过 10%，黄色豆不超过 2%，外来植物性物质不超过 0.5%，但以上五项的总量不超过 12%	组织软硬尚适度，同一罐中豆粒大小尚均匀，允许污斑豆、红花豆、虫害豆的总量不超过固形物重（下同）的 2%，轻度污斑豆不超过 6%，破片不超过 12%，黄色豆不超过 3%，外来植物性物质不超过 0.5%，但以上五项的总量不超过 15%

番茄酱罐头加工

番茄酱罐头（见图 2－6）是番茄经预处理后，再经打浆、去净皮和种子，不加任何添加剂，经浓缩而制成的产品。番茄酱干物质含量一般为 22%～24%、28%～30%，后一种产品国际市场需求量大。若生产干物质含量 28%～30% 的番茄酱以原浆干物质含量 5%、得率 89% 计，加工 1 吨番茄酱需要 6.5 吨番茄。

图 2－6　番茄酱罐头

目前，国外番茄酱罐头的生产正在向机械化、连续化和自动化方向发展，其生产规模和生产率不断扩大和提高。例如，意大利的番茄酱生产设备每条作业线处理番茄量已达1 000 t，保加利亚巴扎吉克州的一座现代化罐头厂，生产规模很大，从原料进厂到成品包装全部机械化和自动化，仅番茄生产线日处理原料量就为 1 500 t。

（一）加工工艺流程

番茄酱罐头加工工艺流程如图 2－7 所示。

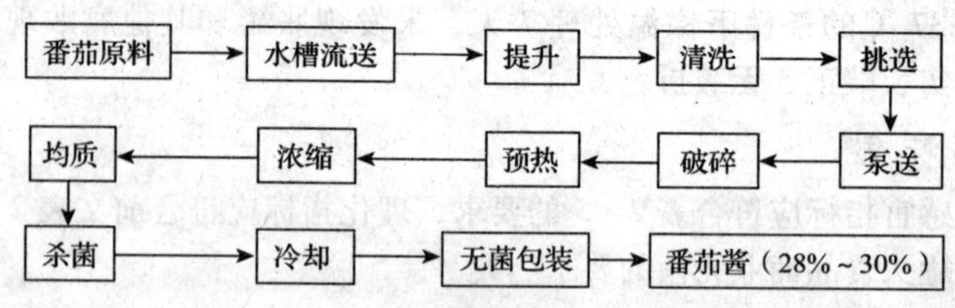

图 2－7　番茄酱罐头加工工艺流程

（二）操作要点

（1）番茄原料要求。选择成熟度高、色泽鲜红、干物质含量高、皮薄肉厚、籽少的果实为原料。

（2）选果。原料经清洗后，通过一组转动的滚柱（两个滚柱之间的距离为 3 cm），将直径小于 3 cm 的小果分选出来；去皮后的整番茄在传送带上进行人工分选。合格果，按其色泽和大小，分三条线送去装罐；不合格果，剔出后送另一条线进行打浆。

（3）蒸汽或热烫处理。用一台专用的蒸汽处理设备进行。蒸汽（压力 147.1 kPa）温度加热至 360～380 ℃，番茄在过热的蒸汽中处理 8～12 s。由于给汽过程中设备内有大量的水，因此其实际效果等于将番茄在热水中进行预煮。经蒸汽处理的番茄，接着通过一组转动的胶夹辊，每两个夹辊成相对方向转动，以夹除番茄的外皮。也可在沸水中热烫 2～3 min，使果肉软化，便于打浆。

（4）打浆。用双道打浆机将果肉打碎，除去果皮和种子。

（5）加热浓缩。不断搅拌，加热至固形物含量达 22 %～24%。

（6）装罐密封。浓缩后立即装罐密封。

（7）杀菌、冷却。100 ℃沸水中杀菌 20～30 min，冷却至罐温为 35～40 ℃。

番茄酱产品质量要求：酱体呈红褐色，均匀一致，具有一定的黏稠度，味酸、无异味，可溶性固形物达 22%～24%。

桃罐头加工

（一）加工工艺流程

桃罐头的加工工艺流程如图 2－8 所示。

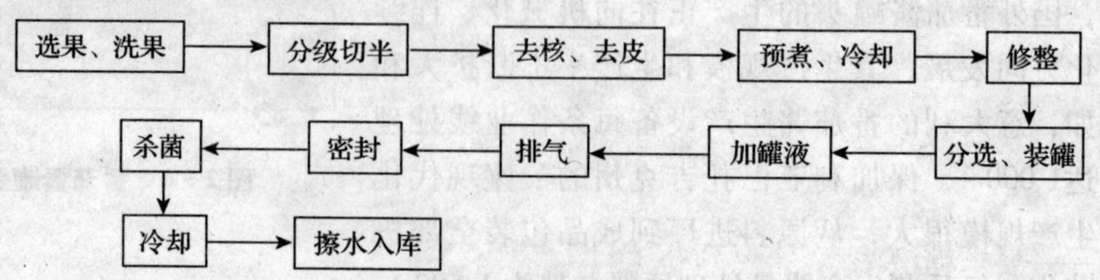

图 2－8　桃罐头加工工艺流程

（二）操作要点

投产用桃应当新鲜饱满，风味正常；白桃为白色至青色，黄桃为黄色至青黄色，果尖、核窝及核缝处允许稍有嫩红色；果实横径在55 mm以上，果形大，圆整对称；果肉白色至青白色，尽量避免红色；肉质致密细嫩，风味良好，不溶质，具有韧性，耐煮制；黏核，核小，成熟度一致（八成熟左右）；无畸形、霉烂、病虫害和机械伤。

1. 选果、洗果

去除机械伤、过生、过熟、软烂、病虫害果及干疤畸形果，用清水洗净。放置阴凉处，室温下后熟3～5天使果实达到九成熟，适合蒸汽去皮为度。

2. 分级切半

按大小果分开处理，投产时冷藏果果心温度要求在15 ℃以上。沿合缝线用劈桃机对剖为两半，剖时防止切偏。

3. 去核、去皮

切半后用挖核刀挖去桃核，核窝处不得留有红色果肉。将桃片反扣进行淋碱去皮，去皮用氢氧化钠溶液的浓度为13%～16%，温度为80～85 ℃，时间为50～80 s，淋碱后迅速搓洗，去净残留果皮。最后用流动水冲洗去净果实表面的残留碱液。

4. 预煮、冷却

预煮在预煮机中进行，去核的桃片反扣在不锈钢传送带上进入蒸煮机，水温为95～100 ℃（也可用蒸汽），时间为4～8 min，以煮透为度。预煮水中先要加入0.1%的柠檬酸，加热煮沸后再倒入桃片。桃片预煮后迅速用冷水冷透。

5. 修整

淋水后的桃片，用手轻轻剥去果皮，尤其注意蒂部及边缘处的果皮要去净，去皮的桃片放在清水中以待修整。将果块表面的斑点、虫害、变色、红肉、伤烂及核尖等缺陷修整去掉。要求切口无毛边，核窝光滑，果块呈半圆形。

6. 分选、装罐

按不同大小、色泽分开装罐，装罐量按质量标准要求进行。510 g玻璃瓶装果肉330～340 g，糖水170～180 g；450 g回旋瓶装290～300 g，糖水150～160 g。将砂糖盛入双层锅中，加适量水（100 kg糖约用50～60 kg水）融化，并加入适量散蛋白（100 kg糖约用4～5个鸡蛋，将蛋白搅散成泡沫状，不得混入蛋黄），加热煮沸，不断打捞泡沫杂质，至糖液清澈为止，加煮沸过的清水调整糖液至要求的浓度。

要求糖液浓度的计算：

$$Y=\frac{W_3Z-W_1X}{W_2} \qquad (2-5)$$

式中：Y——要求糖液浓度，%（以折光计）；

W_1——每罐装入果肉量，g；

W_2——每罐加入糖液量，g；

W_3——每罐总重量，g；

X——装罐时果肉可溶性固形物含量,%（以折光计）；

Z——要求开罐时的糖液浓度,%（以折光计）。

要求糖液浓度按表2－6配制（按开罐时糖水浓度为16%计）。

表2－6　糖液浓度配制表

果肉原有的可溶性固形物含量/%	7.0～7.9	8.0～9.9	9.0～9.5	10～10.9
要求配制糖水的浓度/%	35	33.5	31.0	29

按调整浓度正确的糖水量，加入0.1%～0.3%柠檬酸溶液（根据果肉原有含酸量而定，若果肉含酸量在0.9%以上则不加柠檬酸，含酸量0.8%左右则加柠檬酸0.1%，含酸量0.7%则加0.3%柠檬酸）。

7. 加罐液

装罐时糖液的温度不得低于95 ℃，趁热装入罐内，称重。加罐液量至罐中内容物总重量的±1%～2%，装罐后上面留约0.5 cm的顶隙。

8. 排气、密封

用热排气使罐心温度达85 ℃，趁热密封，密封后逐罐检查封口是否良好。

9. 杀菌、冷却

不同重量的罐头采用不同的杀菌方式。

净重300 g杀菌：(5～20 s) /100 ℃，冷水冷却。

净重425 g杀菌：(5～25 s) /100 ℃，冷水冷却。

净重567 g杀菌：(5～30 s) /100 ℃，冷水冷却。

净重822 g杀菌：(5～35 s) /100 ℃，冷水冷却。

（三）质量标准

1. 感观指标

(1) 外观：桃呈白色或青白色，同一罐中色泽较一致，在果尖、核窝及合缝处不带微红色；糖水较透明，允许含有少量果肉的碎屑。

(2) 滋味和气味：具有本品种成熟度良好桃制成的糖水桃罐头应有的香气和风味，无异味。

(3) 组织形态：桃片去皮、除核、纵切，软硬适度，允许稍有毛边；同一罐内果块大小大致均匀，不带机械伤和虫害斑点。

(4) 杂质：不允许存在。

2. 理化指标

(1) 净重：每罐允许公差为±5%；但每批平均不低于净重。

(2) 固形物含量及糖水浓度：果肉不低于净重的50%，开罐时糖水浓度（按折光计）

为 12%～16%。

（3）重金属含量：每千克制品中锡不超过 100 mg，铜不超过 5 mg，铅不超过 1 mg。

3. 微生物指标

无致病菌及因微生物作用所引起的腐败特征。

三、注意事项

（一）罐头胀罐的类型、原因以及预防措施

罐头胀罐的类型包括物理性胀罐、化学性胀罐和细菌性胀罐。

1. 物理性胀罐

物理性胀罐产生的原因很多，例如罐头内容物装得太满，顶隙太小；罐头排气不足；加热杀菌时，内容物及气体受热膨胀；加压杀菌、冷却时，消压太快；高气压条件下生产的罐头运往低气压的环境里，低海拔区域生产的罐头运往高海拔区域等。上述情况下均可能发生物理性胀罐，其内容物未腐败，可以食用。

预防措施：① 装罐时，严格控制装罐量，并留顶隙；② 罐头排气要充分，使其密封后，罐内形成较高的真空度；③ 采用加热或加压杀菌时，降温与降压速度不要太快。

2. 化学性胀罐

化学性胀罐产生的原因是罐内食品的酸性成分与罐内壁涂料漏斑处发生化学反应，产生氢气，罐头内压增大，从而引发胀罐。

预防措施：① 防止罐内壁的机械损伤；② 装罐时剔除内壁有漏斑的容器；③ 罐头食品含酸量较高时，内层涂料要求抗酸。

3. 细菌性胀罐

细菌性胀罐产生的原因是罐头杀菌不彻底，在罐头贮藏过程中，微生物分解罐内食品而产生气体，罐内压力增大而导致胀罐。有时罐盖密封不良，加热杀菌后冷却时，铁罐卷边内外层收缩不一致而形成缝隙，冷却水进入罐内使微生物再次浸染，而冷却结束后，内外层卷边均收缩至初始状态，有一定的密封性，所以在贮藏过程中微生物分解罐内食品产生气体，导致胀罐。

预防措施：① 原料应充分清洗后消毒，杀灭大量产毒、致病以及引起罐头食品腐败的微生物；② 严格按照杀菌操作要求进行杀菌处理，确保杀菌的温度和时间，实现杀菌的预期效果；③ 在高海拔的地区要适当延长杀菌时间；④ 采用加压杀菌时，必须将杀菌罐内的空气排净；⑤ 注意罐盖及其卷边的大小，抽样检查卷边的密封性，以防罐盖太小而导致卷边的密封性差，从而有效预防罐头杀菌、冷却过程中的微生物再次浸染；⑥ 罐头生产过程中，及时抽样保温检查，发现问题及时处理。

（二）玻璃罐头杀菌、冷却过程中跳盖和破裂的原因以及预防措施

产生原因：导致玻璃罐头杀菌、冷却过程中跳盖与破裂的因素很多，例如罐头排气不足；罐头内真空度不够；杀菌时降温、降压速度太快；罐头内容物装得太多，顶隙太小；玻璃罐本身的质量差，尤其耐温性差。

预防措施：① 罐头排气要充分，保证罐内的真空度；② 杀菌、冷却时，降温、降压

速度不要太快，进行常压冷却时，禁止冷水直接喷淋到罐体上；③ 罐头内容物不能装太多，保证留有一定的空隙；④ 定做玻璃罐时，必须保证玻璃罐具有一定的耐温性；⑤ 利用回收的玻璃罐时，装罐前必须认真检查罐头容器，剔除所有不合格的玻璃罐。

（三）绿色蔬菜罐头食品色泽变黄的原因与预防措施

产生原因：① 叶绿素在酸性条件下很不稳定，即使采取了各种护色措施，也很难达到护绿的效果；② 叶绿素具有光不稳定性，所以玻璃瓶装绿色蔬菜罐头经长期光照，也会导致变黄。

预防措施：① 调整绿色蔬菜罐头罐注液的 pH 值至中性偏碱；② 采取适当的护绿措施，例如热烫时添加少量锌盐；③ 绿色蔬菜罐头最好选用不透光的包装容器。

（四）果蔬罐头加工过程中发生褐变现象的原因与预防措施

产生原因：果蔬原料加工罐头时，原料处理不当，通常容易发生酶促褐变，例如原料去皮后没有及时进行护色处理；烫漂处理的温度低，时间短；原料进行抽空处理效果差；原料处理时与铁器接触，铁与单宁发生反应生成褐色物质。

预防措施：① 果蔬原料去皮后应及时进行护色处理，引起酶促褐变的氧化酶具有一定的耐高温性，所以采用热烫进行护色时，必须确保热烫处理的温度与时间；② 采用抽空处理进行护色时，应彻底排净原料中的氧气，同时在抽空液中加入防止褐变的护色剂，可有效地提高护色效果；③ 果蔬原料进行前处理时，严禁与铁器接触。

（五）果蔬罐头固形物软烂与汁液混浊产生的原因与预防措施

产生原因：果蔬原料成熟度过高；原料进行热处理或杀菌的温度过高、时间过长；果蔬罐头制品运销中的急剧震荡、内容物的冻融、微生物对罐内食品的分解等均可引起罐内食品的软烂与汁液的混浊。

预防措施：① 选择成熟度适宜的原料，尤其是不能选择成熟度过高而质地较软的原料；② 热处理要适度，特别是烫漂和杀菌处理，要求既起到烫漂和杀菌的目的，又不能使罐内果蔬软烂；③ 原料在热烫处理期间，可配合硬化处理；④ 避免成品罐头在贮运与销售过程中的急剧震荡、冻融交替以及微生物的污染等。

（六）桃罐头加工注意事项

桃罐头加工的注意事项主要有下面几项。

（1）蒸汽去皮较碱液去皮色泽好、芳香浓，特别是白桃更明显，但有些品种如水蜜桃及冷藏的桃和未成熟的桃，不宜蒸汽去皮。

（2）装罐前对白桃核尖、核窝部分的紫红色果肉必须剔除，黄桃带青黄色者也应剔除。

（3）桃罐头的酸度，开罐后最好平衡在 0.2% ~0.3%，因此装罐前桃肉含酸量低的品种，应在糖水中加入适量的柠檬酸。

（4）碱液去皮，对碱液的浓度、温度、淋碱时间，应根据原料成熟度掌握；淋碱后立即用清水冲洗黏附碱液，随后迅速预煮，以抑制酶活性（预煮水可加 0.1% 柠檬酸以防变色）。

（5）成熟度高的软桃，采用 100 ℃蒸汽煮 8 ~12 min，迅速淋水冷却后撕皮，软桃杀菌时间一般较硬桃少 5 min。

（6）糖水中加入 0.02% ~0.03% 的维生素 C，对桃肉轻微花青色素具有退色作用；糖水应加满，防止桃肉露出液面变色。

【知识和技能考查】

一、填空题

1. 果蔬罐头的包装容器分为________、________、________、________。

2. 新鲜果品或蔬菜由于其自身酶的作用或微生物侵染而会腐败变质，而果蔬罐头加工过程中采取了________、________、________、________等一系列措施，抑制或破坏了引起果品或蔬菜腐败变质的酶，有效地预防了微生物的侵染，从而达到果蔬长期保存的目的。

3. 抽空处理可排除果蔬组织内的氧气，钝化某些________的活性，抑制________。

4. 果蔬成熟度、________与体积对抽空效果也有影响。对于成熟度________、组织致密、体积大的原料应________真空度和抽空温度，并________抽空时间。

5. 抽空方法可分为________和________两种。

6. 配制糖浆要求糖的纯度在________以上，不含杂质或有色物质，特别要求二氧化硫在糖中的残留极少。

7. 装罐的方法有________和________两种，对于大部分的果蔬罐头，因原料形态、成熟度、色泽等差异很大，成品罐头内的固形物排列各异，所以固形物通常采用________；对于小的果蔬丁、块、粒状原料，可采用________。罐注液一般采用________。

8. 排气时，内容物的温度越高，排气时间越________；封罐后，罐头内残留的气体越少，真空度就越________。

9. 罐头的密封可采用________或________，不同类型的罐头，采用的封罐方法不同。

10. 软罐头的装料有两种方式，即________和________。

11. 加压杀菌可分为________和________两种方法。加压杀菌包括________、________、________三个阶段。

12. 食品的________对微生物的耐热性有很大的影响。当________时，微生物的耐热性减弱，所以当罐头内食品的________时，可采用常压杀菌；当罐内食品的________时，必须采用加压杀菌。

13. 将杀菌、冷却后的罐头放入________内，中性或低酸性罐头在________下保温一周，酸性罐头在 25 ℃下保温________。

14. 罐头的质量标准包括________、________、________。

二、简答题

1. 果品蔬菜罐头的保藏原理是什么？

2. 影响罐头食品保质期的因素有哪些？

3. 常用的罐藏容器有哪些？各类容器的特点如何？

4. 影响罐头杀菌效果的主要因素有哪些?

5. 简述果蔬罐头的加工工艺及操作要点。

6. 为什么要对桃块进行预煮?如何掌握预煮标准?

三、技能题

1. 学生分组进行罐头产品的统计调查,可以前往周边市场、超市等地区,掌握市场上罐头容器的种类,总结各种罐头容器的优缺点,讨论某种产品使用某种容器的原因。

2. 选取部分果蔬罐头食品,进行品尝、评定,提出具体的加工工艺,讨论某种罐头食品的感官要求是否合格,通过检验判断理化、卫生指标是否达到要求。

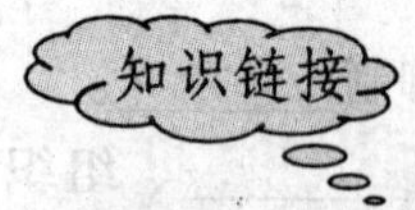

尼古拉·阿佩尔

尼古拉·阿佩尔,法国发明家。1752 年 10 月 23 日生于马恩河畔夏龙,1841 年 6 月 3 日卒于巴黎附近的马西。在法国大革命前,阿佩尔是一个厨师兼糖果制造人。他先在他父亲的企业中工作,而后为几个贵族服务。阿佩尔出于职业的需要,对储藏食品的装置感兴趣。阿佩尔用了 14 年时间研究出一种方法(不管阿佩尔知道与否,这种方法实质上是斯帕兰札尼实验结果的应用,是半个世纪以后巴氏灭菌法的先驱,巴斯德本人也对此直言不讳),即先加热食物,然后把它密封起来与空气隔离,以防止腐烂。1804 年,他办了一个工厂,生产这种密封的食品。

1809 年,拿破仑奖赏阿佩尔 12 000 法郎,然后阿佩尔公布了他的发现——今天的罐头食品制造工业的基础。半个世纪以后博登的继续研究,使人们的习惯饮食方式发生了变化。

我国罐头产业发展概况

目前,我国罐头消费市场正处在起步阶段。来自中国食品工业协会的调查表明,随着居民生活水平的提高,出行、旅游不断增加,人们的食品消费观念和方式正在悄然改变:很多家庭试图从厨房中解放出来,减少油烟污染,减轻家务劳动。罐头食品以其方便、卫生、易储存的特点,适应了人们的日常需要,日益受到人们的欢迎。另外,我国罐头消费水平还很低,以人均年消费量计算,美国为 90 kg,西欧为 50 kg,日本为 23 kg,我国仅为 1 kg。可见,国内市场尚未真正启动,潜力巨大。

如今,我国的罐头行业已将未来 5 年的发展重点指向了国内市场。中国罐头工业协会的一位负责人称,我国罐头行业已经具备了满足国内市场迅速增长的生产能力,全国罐头行业重点生产企业近 500 家,年生产能力近 300 万吨,品种上千个;农副产品等原料供应充足；形成了一批老字号和龙头企业；浙江、山东、福建、山西等地的区域优势日益显著。

在口味上，目前的罐头食品已不再是食品供应紧张时的简单替代品，许多企业力求为消费者提供“家里做不出的味道”，包括蔬菜、水果、肉食、调料等，使罐头食品进入一日三餐。

在品种上，罐头企业正在着力开发国人欢迎的中国传统风味和地方特色风味罐头，如咖喱鸡、走油蹄子、东坡肉、香菇肉酱、藕汤等适合老年人、青少年、幼儿的专用罐头食品以及有保健功能的各类罐头，全日式、营养型、救灾类、旅游类及宠物类等特殊品种。在包装上，过去清一色的马口铁、玻璃罐，正在被更方便实用的易拉罐、铝质二片浅冲罐和可用微波炉加热的涂塑板材冲制罐所取代。

为了提高卫生标准，一些企业已经实现了加工过程一条龙和自动化，引进了先进的封口设备、肉类斩拌设备和杀菌设备，建立了现代化的封闭式低温车间。一些专门的原料基地，如优质番茄、橘子、青豆基地等也正在发展中。

我国主要的罐头产区

目前，我国鱼类罐头以广东、福建、浙江、辽宁等沿海地区为主产区；柑橘罐头以浙江、湖南等为主产区；肉类罐头以上海、福建、四川为主产区；桃罐头以河北为主产区；蘑菇、芦笋罐头以福建、山东、云南为主产区；番茄酱以新疆为主产区；竹笋罐头以浙江、福建、江西为主产区。罐头产品分布的地域化使罐头行业密切地融入地方产业之中，为拉动地方经济做出了贡献。

我国的罐头产品每年出口国家和地区有140余个，遍及五大洲，主要市场为日本、美国、欧盟、俄罗斯、东盟国家和中东地区。

果蔬罐头分类

1. 水果类

按加工方法不同，分成下列种类。

（1）糖水类水果罐头。

（2）糖浆类水果罐头。

（3）果酱类水果罐头，包括纯果冻或水果果冻、果胶果冻、果胶水果果冻、人工果冻、马茉兰、果酱。

（4）果汁类罐头，包括原果汁、鲜果汁、浓缩果汁。

2. 蔬菜类

蔬菜按加工方法和要求不同，分成下列种类。

（1）清渍类蔬菜罐头。

（2）醋渍类蔬菜罐头。

(3) 调味类蔬菜罐头。

(4) 盐渍（酱渍）类蔬菜罐头。

如何选购罐头食品

1. 观包装

观察外包装是否整洁干净，字迹印刷是否清晰，是否在保质期内，还要看标签中是否标注有生产企业的名称、地址、联系电话等信息。

2. 查内质

对玻璃瓶包装的产品，可观察其内容物块形是否完整，有无异物，有无混浊现象。正常产品有一定的真空度，敲瓶盖有清脆的响声；若没有真空度，产品存在质量问题的可能性较大。

3. 防“胖听”

当罐头被微生物污染，失去食用价值时，经常会产生“胖听”现象，即外包装物体积增大，不要购买此类罐头。

4. 选正品

消费者应在信誉良好的商场选购正规企业或产品主产区有一定规模企业生产的产品，尽量不要购买商场中挂牌减价处理的产品。

学习情境三　果蔬汁加工

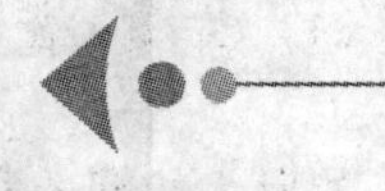

工作任务　柑橘汁及胡萝卜汁加工

【情境描述】

完成柑橘汁加工及胡萝卜汁加工。

【作业质量要求】

掌握不同果蔬汁加工工艺流程以及各工艺流程的操作要点；掌握柑橘汁及胡萝卜汁加工工艺流程以及操作要点。

【学习目标】

掌握柑橘汁及胡萝卜汁加工的操作技术和工作原理；熟悉柑橘汁及胡萝卜汁加工的操作要点。

【技能目标】

正确掌握柑橘汁及胡萝卜汁加工的操作技术，完成工作要求；掌握原料清洗，修整、打浆、均质等工艺技术；合理调整柑橘汁及胡萝卜汁的口感；安全使用和维护设备。

【所需设备、工具和材料】

（1）仪器：不锈钢刀、不锈钢锅、加热锅、均质机、杀菌锅等。

（2）试剂：食糖、柠檬酸。

（3）原材：糖、酸含量高，香味较浓，汁液丰富，果实成熟度高的新鲜甜橙橘及胡萝卜。

【相关知识】

随着健康理念的深入，越来越多的消费者更加关注健康，作为一种新型的健康饮料，果蔬汁饮料备受青睐。果蔬汁饮料是以果汁或蔬菜汁为基料，然后加入水、糖、酸及香料等调配而成的，含有近似于新鲜果蔬的风味和营养价值，易被人体吸收，有的还有食疗效果，素有“液体水果和蔬菜”之称。果蔬汁饮料色泽艳丽、甜酸适度、清鲜爽口并可直接饮用，现已成为风靡世界的营养饮料。

图 3 - 1 是一些果蔬汁制品。

图 3-1　果蔬汁制品

一、果蔬汁分类

（一）原汁

原汁又称天然果蔬汁，是由新鲜水果、蔬菜直接制取的汁液。原汁可分为澄清果蔬汁和混浊果蔬汁两种。

1. 澄清果蔬汁

澄清果蔬汁也称为透明果蔬汁，外观呈清亮透明的状态。一般来说，原料经过提取后所得的汁液往往含有一定比例的微细组织及蛋白质、果胶物质等，使汁液混浊不清，放置一段时间后，出现分层，产生沉淀，经过滤、静置或加澄清剂处理后，即可得到澄清透明的果蔬汁。这种果蔬汁由于组织微粒、果胶质等部分被除去，虽然制品的稳定性高，但风味、色泽和营养价值亦由此受到损失，故大部分国家均提倡生产混浊果蔬汁。

2. 混浊果蔬汁

混浊果蔬汁的外观呈混浊均匀的液态，果蔬汁内含有微粒。其制作工艺与澄清果蔬汁有所不同，不经澄清处理，但需经过高压均质等处理，不允许有大颗粒，以免影响商品价值。这类果蔬汁的营养成分大部分存在于果蔬汁的悬浮微粒中，保持风味、色泽和营养价值都较澄清果蔬汁好。

（二）浓缩果蔬汁

浓缩果蔬汁由原汁经蒸发或冷冻或用其他适当的方法制成，浓缩倍数有 3、4、5、6 等几种，可溶性固形物含量有的可高达 60% ~75%。浓缩果汁不得加糖、色素、防腐剂、香料、乳化剂及人工甜味剂等添加剂。

（三）加糖果汁和果汁糖浆

加糖果汁和果汁糖浆是在原汁中加入大量食糖或在糖浆中加入一定比例的果汁而配制成的产品，一般含糖高，也有含酸高的产品。通常可溶性固形物含量为 45% 或 60%。我国市场上的鲜橘加糖汁的固形物含量为 35% 以上，总酸度为 0.3% ~0.6%。

二、果蔬汁加工工艺

果蔬汁加工工艺的操作要点包括下面几项。

（1）原料选择和洗涤。应选择新鲜、成熟，风味好，香气浓郁，色泽稳定，汁多，酸味适中的原料。剔除霉烂果、病虫果、未熟果和杂质，以保证果汁的质量。

（2）原料的破碎。为了获得最大出汁量，果实必须适度破碎。

（3）筛滤。新榨出的果蔬汁，一般都含有各种形式和数量不同的悬浮物质，需要进行筛滤。

（4）糖酸调整。为使果蔬汁符合一定规格和改进风味，果蔬汁制品都要进行酸度、糖度和风味的调整，但果蔬汁风味应接近鲜果，调整范围不宜过大。

（5）装罐、密封。一般情况下，密封时果蔬汁的中心温度需达到 75 ℃，如用真空封口，汁温可稍低。装汁量以保持 2 ~3 mm 顶隙为好，封口后将容器倒放杀菌、冷却。注意洗去容器外的汁污。

（6）常用杀菌方法有：① 在 90 ℃下，进行短时杀菌；② 沸水中杀菌，迅速冷却；③ 高温杀菌，对低酸性蔬菜汁采用高温瞬间杀菌。用高温瞬间杀菌法的果蔬汁风味、色泽较好。维生素 C 保存率高。

（7）检验、贴标、保存。杀菌、冷却后，经过外观质量检验，利用瓶罐自身余热使瓶罐体烘干；瓶罐体烘干后及时贴上商标；罐体温度接近库房温度时，装箱入库房保存。

三、不同果蔬汁的特有工序

（一）澄清果蔬汁的澄清与过滤

1. 澄清

澄清果蔬汁需进行澄清，主要去除物质有：一是悬浮物，如质体、纤维素、半纤维素、糖甙、苦味物质和酶（来源于种子、果心、果皮）；二是水性胶体，是由果胶质、树胶质和蛋白质组成的胶态颗粒，这些颗粒具有吸附作用、离子化作用，与其他胶体相互反应而影响稳定性。采取电荷中和、脱水和加热等方法可使上述物质聚集并沉淀，用带有不同电荷的胶溶液混合也可使其沉淀。常用的澄清方法有以下几种。

（1）明胶单宁法：果蔬汁中含有的单宁可以与明胶、鱼胶、干酪素等结合而络合成不溶性的鞣酸盐来澄清果蔬汁。

用量：明胶 100 ~300 mg/L，单宁 90 ~120 mg/L，一般在 10 ~15 ℃下静置 6 ~12 h。注意明胶与单宁要求为食用级。

（2）热处理：加热而凝聚，77 ~78 ℃时 1 ~3 min，80 ~82 ℃时 80 ~90 s。

（3）冷冻：改变胶体性质（浓缩和脱水），解冻时形成沉淀而澄清，一般用于雾状混浊的果蔬汁。

（4）酶处理：多数果蔬汁含 0.2% ~0.5% 的果胶，一般加入果胶酶（通常要求温度约 50 ℃，可在新鲜果蔬汁中加入，亦可在杀菌后加入）。果胶酶使果胶分解并使其他胶体失去果胶保护而沉淀，果蔬汁澄清后经压滤或精滤而得清澈的果蔬汁。

澄清效果的检验通常采用下面的方法。

（1）果胶检验：取澄清后的果蔬汁 1 份加 1 ~2 份酸化酒精（酒精用 1% 的硫酸或盐酸酸化），若有沉淀说明需进一步酶解。

（2）淀粉检验：将果蔬汁加热至 80 ℃后冷却至室温，取 5 mL 果蔬汁加 2 ~4 滴 1%

碘和10%碘化钾观察结果。如变蓝说明有淀粉；如变褐说明淀粉降解不完全；如变黄说明无淀粉。

2. 过滤

澄清果蔬汁的过滤有下面几种方法。

（1）硅藻土过滤：用于果汁、果酒及其他饮料，表面积大，既可阻挡又可吸附悬浮颗粒。

（2）板框过滤机过滤：板框过滤机有滤纸板形成的过滤腔，尤用于超滤的前处理。

（3）离心分离过滤：有自动排渣和间隙排渣两种，但易混入空气。

（4）真空过滤：要求真空度达84.6 kPa，类似于实验操作。

（5）膜分离技术过滤：如聚砜膜和陶瓷处理膜等及超滤技术。

（二）混浊果蔬汁的均质与脱气（去氧）

1. 均质

均质是在脱气之前，为了防止产生固液分离降低产品的品质而采取的工艺，可使细小颗粒进一步细碎，使粒子大小均匀，促进果胶溶出和果汁亲和，保持果汁均匀混浊度。均质的主要设备有高压均质机、超声波均质机及胶体磨。高压均质机的基本原理是原料通过高压均质机时速度增大同时压力突然降低，在果粒中形成气泡而膨胀，引起气泡炸裂原料颗粒（空穴效应），同时造成强大的剪切力，由此得到极细而且均匀的固液分散体系；超声波均质机的基本原理是依靠高频率的振动而产生的空穴作用使果肉分散；胶体磨的基本原理是使果蔬汁受到强大的离心作用，颗粒在转齿和固齿之间的狭腔中摩擦、撞击而分离。

2. 脱气

混浊果蔬汁脱气的目的是除去果蔬汁中的空气，抑制褐变及色素、维生素C、芳香物质和其他物质的氧化；除去果蔬汁中悬浮微粒上的气体，抑制微粒上浮，保持外观；减少装罐和高温杀菌时果蔬汁起泡；减少对罐头内壁的腐蚀。常用方法有下面几种。

（1）真空脱气法：用真空脱气机，果汁被喷成雾状或注射成液膜，真空度90.65～93.33 kPa。此法有2%～5%水分及少量挥发性香味物质损失。

（2）热脱气法：加热至50～70 ℃。

（3）酶脱气法：用葡萄糖氧化酶和过氧化氢酶等氧化葡萄糖以达到消耗内部的氧的目的。

（4）抗氧化剂法：用抗坏血酸等去除氧气，但要注意花色素的分解。

（5）气体置换法：用氮、二氧化碳等置换其中的氧气。

（三）浓缩果蔬汁的浓缩

浓缩果蔬汁在过滤、脱气、杀菌和冷却等工序后应进行脱水浓缩。浓缩的作用有：缩小体积，便于贮运；可减少因采收期和品种所造成的成分上的差异；酸和糖浓度提高，增进可保藏性，并适于冷冻保藏。

果蔬汁浓缩方法主要有以下三种。

1. 真空浓缩法

此方法在减压的条件下使果蔬汁中的水分迅速蒸发，浓缩时间很短，浓缩温度一般为25~35 ℃，不宜超过40 ℃，真空度为94.66 kPa左右。此方法能很好地保存果蔬汁的质量。

2. 冷冻浓缩法

果蔬汁的冷冻浓缩就是将果蔬汁进行冷冻处理。当温度达到果蔬汁的冰点时果蔬汁中的部分水呈冰晶析出，果蔬汁浓度得到提高，果蔬汁的冰点下降，当继续降温达到果蔬汁的新冰点时形成的冰晶扩大，如此反复。由于冰晶数量增加和冰晶的扩大，浓度逐渐增大，及至其共晶点或低共溶点温度时，被浓缩的溶液全部冻结。冷冻浓缩的过程为：果蔬汁→冷却→结晶→固液分离→浓缩汁。

与真空浓缩相比，冷冻浓缩避免了热和真空的作用，没有热变性，不发生加热臭，芳香物质损失极少，产品的质量远远高于真空浓缩的产品。

冷冻浓缩的主要缺点是：① 浓缩后产品需要冷冻贮藏或加热处理以便保藏；② 浓缩分离过程中会造成果蔬汁的损失；③ 浓度高、黏度大的果蔬汁不容易分离；④ 冷冻浓缩受到溶液浓度的限制。

3. 反渗透法

此方法在果蔬汁工业上可用于果蔬汁的预浓缩。与真空浓缩相比，反渗透浓缩的优点是：① 不需加热，在常温下浓缩；② 不发生相变，挥发性芳香成分损失少；③ 在密闭管道中进行，不受氧气的影响；④ 节能。反渗透浓缩需要与超滤和真空浓缩结合起来才能达到较为理想的效果，其过程为：混浊汁→超滤→澄清汁→反渗透→真空浓缩→浓缩汁。

四、果蔬汁的调整与混合

果蔬汁的调整与混合俗称调配，其根据果蔬汁产品的类型和要求不同而并不完全一致。调配的基本原则一方面是要实现产品的标准化，使不同批次产品保持一致性，另一方面是为了提高果蔬汁产品的风味、色泽、口感、营养和稳定性等。

为了符合一定规格的要求和改进风味，部分果蔬汁需进行糖、酸、可溶性固形物以及香料的添加调整，生产中可以加入糖（糖液）、柠檬酸、芳香剂或用浓缩果蔬汁进行调整，一般可溶性固形物与酸份比例为13~15:1。

对于糖度调整可用下式计算：

$$X = \frac{W(B - C)}{D - B} \tag{3-1}$$

式中：X——需补加浓糖液重量，kg；

D——浓糖液浓度，%；

C——调整前果蔬汁含糖量，%；

B——调整后果蔬汁含糖量，%；

W——调整前果蔬汁重量，kg。

对于酸度调整可用下式计算：

$$m = \frac{M(Z - X)}{Y - Z} \tag{3-2}$$

式中：Z——要求调整的酸度，%；

M——原果蔬汁重量，kg；

m——需加的柠檬酸液重，kg；

X——调整前果蔬汁的酸量，%；

Y——柠檬酸液浓度，%。

五、果蔬汁的杀菌与灌装

果蔬汁杀菌的目的是杀死微生物和破坏酶类，以免引起果蔬汁的不良变化。目前生产中广泛采用高温短时杀菌（HTST）和超高温杀菌（UHT）。对于 pH < 3.7 的果蔬汁采用高温短时杀菌方法，一般温度为 95 ℃，时间为 15 ~ 20 s，而对于 pH > 3.7 的果蔬汁，广泛采用超高温杀菌方法，杀菌温度为 120 ~ 130 ℃，时间为 3 ~ 6 s，尤其适用于蔬菜汁。

目前，在果蔬汁加工的生产过程中，一般采用热灌装、冷灌装和无菌灌装等三种方式。冷罐装即指罐装前后没有加热杀菌过程，主要用于冷冻浓缩果蔬汁。热罐装即指有加热杀菌的过程。无菌灌装系统指包括产品以及与产品相接触的机器、包装等均在无菌状态下工作的系统，主要由高温瞬时杀菌、快速冷却和各种软包装等装置组成。果蔬汁灌装方法、杀菌温度、灌装温度、包装容器、流通温度及货架期如表 3 - 1 所示。

表 3 - 1　果蔬汁灌装方法、杀菌温度、灌装温度、包装容器、流通温度及货架期

灌装方法	杀菌温度/℃	灌装温度/℃	包装容器	流通温度/℃	货架期
热灌装	95	> 80	金属罐、塑料瓶、玻璃瓶	常温	1 年
冷灌装	95	< 5	塑料瓶、屋脊包	5 ~ 10	2 周
无菌灌装	95	< 30	纸包装、塑料瓶、玻璃瓶	常温	6 个月以上

六、果蔬汁加工中常见的质量问题与处理方法

果蔬汁加工中常见的质量问题有混浊与沉淀、变色、变味和农药残留等。

（一）混浊与沉淀

处理方法：进行一系列检验，如后混浊检验、果胶检验、淀粉检验、硅藻土检验等。生产过程中主要通过均质处理细化果蔬汁中悬浮粒子和添加一些增稠剂（一般都是亲水胶体）、提高产品的黏度等措施以保证产品的稳定性。必须注意，柑橘类混浊果汁在取汁后要及时加热钝化果胶酯酶，否则果胶酯酶能将果汁中的高甲氧基果胶分解成低甲氧基果胶，后者与果汁中的钙离子结合，易造成浓缩过程中的胶凝化。

（二）变色

果蔬汁出现的变色主要是酶促褐变和非酶褐变引起的。

处理酶促褐变的方法包括：① 加热处理尽快钝化酶的活性；② 破碎时添加抗氧化剂如维生素 C 或异维生素 C；③ 添加有机酸如柠檬酸抑制酶的活性；④ 隔绝氧气。

处理非酶褐变的方法包括：① 避免过度的热处理；② 将 pH 值控制在 3.2 以下；③ 低温贮藏或冷冻贮藏。

（三）变味

果蔬汁的变味如酸味、酒精味、臭味、霉味等主要是由微生物生长繁殖引起腐败所造成的，在变味的同时经常伴随出现混浊、黏稠、胀罐、长霉等现象。

处理方法：控制加工原料和生产环境以及采取合理的杀菌措施；采用脱气工序和选用内涂层良好的金属罐。

（四）农药残留

处理方法：加强果园或田间的管理，减少或不使用化学农药，生产绿色或有机食品，避免农药残留；果蔬原料清洗时根据使用农药的特性，选择一些适宜的酸性或碱性清洗剂也能有助于降低农药残留。

【工作任务详述】

一、工作课时

本单元的理论课时为 8 课时，实践课时为 6 课时，共 14 课时。

二、工作过程

柑橘汁加工

（一）加工工艺流程

柑橘汁加工工艺流程如图 3－2 所示。

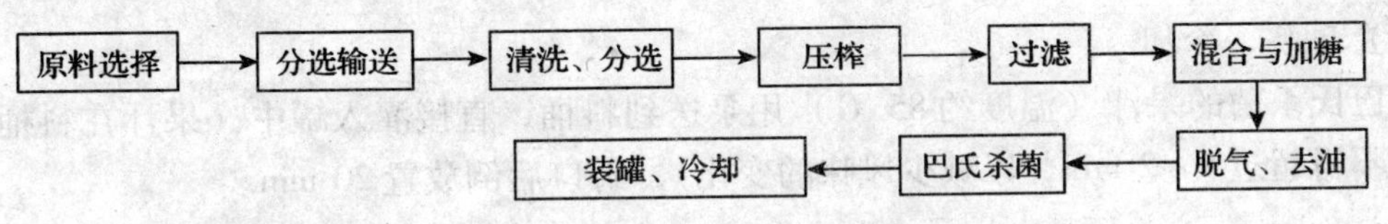

图 3－2　柑橘汁加工工艺流程

（二）操作要点

1）原料选择

生产柑橘汁的原料主要是甜橙，按果内颜色分为普通甜橙、脐橙和血橙。制汁工艺要求原料糖、酸含量均高，香味较浓，汁液丰富，果实成熟度高、新鲜。

2）分选输送

将果实倾卸到传送带上，用斜辊式输送机输送至手工分选台上，人工挑选出碰伤、破裂和腐烂的果实。同时取样测定果实的糖、酸等理化成分。

3）清洗、分选

将果实从贮存库送至洗涤机，浸入含洗涤剂的水中，用转动刷子刷洗，用水喷洗，再检验一次果实，剔除第一次分选时遗漏的腐烂果实以及存贮时压破和碰伤的果实。

4）压榨

用手工加压榨取果汁的出汁率不高。早期的压榨机一般有辊压式和旋转式压榨机。随着果汁加工业的发展，出现了高效率的榨汁机，如 FME 柑橘榨汁机和布朗榨汁机。

5）过滤

各种过滤机的设计各不相同，但功能相似。从榨出汁中取出种子、果皮、碎块等，含有一定固形物的果汁则通过筛孔流出。

6）混合与加糖

过滤后果汁流入大型不锈钢混合槽，从槽中取样，检验果汁的糖度、酸度和其他指标。需要加糖的产品，要在各批果汁混合在一起时加糖，这样才能制出符合糖度要求的果汁。

7）脱气、去油

存在于果汁细胞间隙的氧气等气体，在加工过程中能以溶解状态进入果汁中或被吸附于果汁微粒和胶体表面，同时由于果汁与大气接触，又增加了气体含量，因此需要脱气。另外还需去油。

8）巴氏杀菌

柑橘汁的巴氏杀菌不仅消灭腐败菌，而且可使得能引起化学变化的酶类钝化。乳酸杆菌和醋酸杆菌在高于 54 ℃的柑橘汁中不会生长，71 ℃以上的温度可以消灭大部分其他腐败菌，86 ~ 99 ℃的温度可以防止沉淀物形成。

9）均质

采用金属罐包装的柑橘汁，加工时不需要均质，用玻璃瓶包装的柑橘汁还需进行均质。

10）罐装、冷却

经巴氏杀菌的果汁（温度约 85 ℃）用泵送到料桶，直接灌入罐中（果汁在料桶停留的时间不得超过 1 ~ 2 min，以减少风味的变化），封口后倒放置 20 min。

（三）质量控制

柑橘汁的变味是影响质量的重要问题。杀菌过度常产生煮熟味，果实不新鲜也会产生不良味道。比较特殊的变味是产生萜烯味，这是由于柑橘果皮香精油中萜烯占 90% 左右。防止这类变味的措施是改进压榨的方法，分别取汁和取油，实行脱气去油操作，去油后加入适量的无萜油。

（四）加工过程中的微生物控制

1）化学清洗操作

（1）前巴氏杀菌系统每作业 12 h 进行一次化学清洗。

（2）酶解罐每次排空水冲洗 5 min，无菌水冲洗 2 min，每周进行 2 ~ 3 次化学清洗。循环罐每两天进行一次化学清洗。

（3）超滤系统每作业 12 h 或 20 h 进行一次化学清洗，药品纯度、等级和用量按超滤清洗操作手册执行。浓缩系统每作业 20 h 水洗 2 h，无菌水冲洗 1 h，每作业 48 h 或 72 h

进行一次化学清洗。

(4) 成品贮罐 12 h 内，每次排空水冲洗 10 min，无菌水冲洗 5 min，每 24 h 进行一次化学清洗。

(5) 无菌罐装系统每次开机前进行一次化学清洗。

每周至少要保证各工序同步进行一次化学清洗。

2）杀菌

果汁加工中的杀菌分为工艺过程的物料杀菌和设备容器杀菌两个部分。

物料杀菌：前巴氏杀菌一般采用高温瞬时杀菌工艺，它是对新榨的混浊汁进行杀菌，同时起到钝化氧化酚酶的作用。工艺参数控制：杀菌温度 90 ~ 93 ℃，时间15 ~ 30 s。二次巴氏杀菌是在灌装前对浓汁产品进行的终端杀菌。工艺参数控制：杀菌温度 93 ~ 96 ℃，时间 20 ~ 30 s。

设备容器杀菌：清汁罐、成品罐每运行 5 ~ 6 d，无菌灌装机每次清洗后首次开机前进行一次高温蒸汽杀菌，杀菌温度 125 ℃，时间 30 min。清汁罐、成品罐在蒸汽杀菌不便的条件下亦可采用化学方法杀菌。一般采用过氧乙酸熏蒸杀菌，其对不锈钢材料有一定的腐蚀性。所以，化学杀菌应特别慎重。

3）消毒

分选系统输料板、提升刮板、榨汁部分的果浆罐、榨滤带、循环水罐是工艺控制的源头，在加强正常清洗的基础上，每作业 2 ~ 3 d 进行一次消毒处理。浊汁循环罐每作业3 d 进行一次消毒处理。

常用的消毒方法是采用有效氯为 0.005% ~0.02% 的氯化钠溶液常温清洗 15 ~20 min。一般消毒与化学清洗是相结合的，操作顺序是氢氧化钠溶液清洗、氯化钠溶液清洗，最后是硝酸溶液清洗，超滤消毒有效氯控制量为 0.02%。

在控制常规的微生物指标基础上，还应加强以下工艺管理：两次巴氏杀菌的温度和时间必须保证达到工艺要求；超滤后的清汁应在短时间内进行浓缩；浓缩系统短时间停机时，膜蒸发器应保持真空状态，防止冷却水倒吸进入浓缩系统，造成污染；长时间停产，首次开机必须进行系统清洗、消毒、杀菌。

胡萝卜汁加工

胡萝卜中含有丰富的胡萝卜素，在肠道中经酶的作用后可变成人体所需的维生素 A。胡萝卜经石油醚提取后可得到一种不定形的黄色物质，对动物和人都有明显的降低血糖作用。此外，人若每天服三次胡萝卜汁，可降低血压，并有抗肺癌作用。

(一) 加工工艺流程

胡萝卜汁的加工工艺流程如图 3 -3 所示。

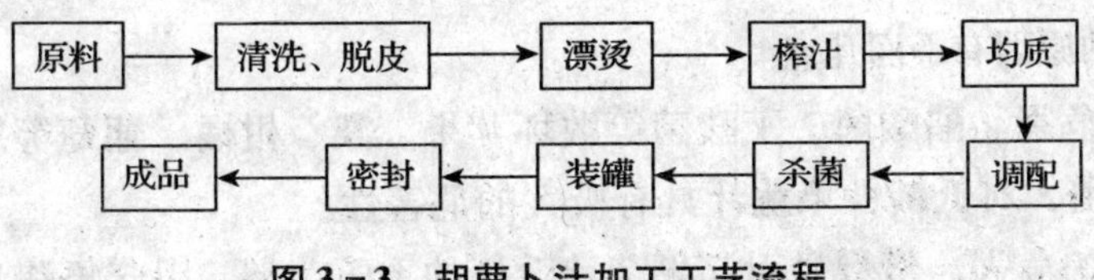

图 3-3　胡萝卜汁加工工艺流程

（二）操作要点

1）原料

用于加工胡萝卜汁的胡萝卜，以橙红色、短粗、表面光滑、纹理细致的为好。

胡萝卜的种植季节对其化学成分有很大影响，通常在相似的条件下，秋季胡萝卜比春夏季胡萝卜糖度低 1～1.5；在春季收获的胡萝卜中硝酸盐和甲醛含量比秋季的胡萝卜含量低。在收购胡萝卜时，最好收购切除两端头部、新鲜无腐烂的，若有腐烂的或没经过切除两端头部的胡萝卜进入下道工序，会影响胡萝卜汁的色泽和口感。

2）清洗、脱皮

由于胡萝卜生长于泥土中，所以需要使用相应装置进行较高强度的清洗和去石。如清洗设备过于简单，会造成清洗不彻底、农药残留含量高等问题。胡萝卜外茎皮含有苦味物质，如果在加工前将表皮剥掉，就可除去胡萝卜茎皮带来的苦味。脱皮工艺是胡萝卜加工主要关键工序之一，脱皮的方法有机械脱皮、蒸汽脱皮、化学脱皮等。一般采用蒸汽脱皮，蒸汽脱皮与胡萝卜热烫的时间、温度和脱皮设备有相当大的关系，若脱皮工艺不合理，会造成胡萝卜的损失率高、脱皮不彻底、色泽不佳、营养成分流失等问题。

3）烫漂

将清洗和修整后的胡萝卜放入沸水烫漂 15 min，以提高出汁率。

4）榨汁、均质

烫漂后送入磨碎机中粉碎，用水压机压榨进行榨汁，提取的汁液必须加热到 82.2℃，使对热不稳定的物质全部凝结起来，再将其使用均质机进行均质处理，以防止以后工序中不可溶物质絮凝。

5）调配

胡萝卜汁作为商品还可适当地用 0.33% 的食盐调味，这样能够产生独特香味。胡萝卜汁有单一的胡萝卜汁和混合其他果汁的胡萝卜汁。可添加到胡萝卜汁中的有番茄汁、苹果汁、柑橘汁和柠檬汁，以不失去胡萝卜汁所特有的色泽为好，胡萝卜汁无酸味，因此添加上述果汁就可起到加酸作用。胡萝卜汁在装罐前预热到 71.7 ℃，装罐并继续加热至 121 ℃，高温处理 30 min。后续工序与其他果蔬汁操作要点相同。

（三）质量标准

感官要求：具有该品种应有的色泽、香气和滋味。无异味，无肉眼可见外来杂质。

三、注意事项

（一）果蔬汁败坏

果蔬汁败坏的原因有下面几点。

（1）细菌的危害。醋酸菌、丁酸菌等败坏苹果、梨、柑橘、葡萄等果汁。它们能在厌气条件下迅速繁殖，对低酸性果蔬汁具有极大的危害性。

（2）酵母菌的危害。酵母是引起果蔬汁败坏的重要菌类，引起果蔬汁发酵产生大量二氧化碳，发生胀罐，甚至会使容器破裂。

(3) 霉菌的危害。耐热性霉菌、绿衣霉、红曲霉、拟青霉等破坏果胶，改变果蔬汁原有酸味，产生新的酸从而导致风味恶化。

为避免果蔬汁败坏，必须采用新鲜、无霉烂、无病害的果蔬作为榨汁原料，注意原料榨汁前的洗涤消毒，尽量减少果实外表的微生物，严格控制车间、设备、管道、容器、工具的清洁卫生，防止半成品积压。

(二) 风味的变化

果蔬汁能否满足消费者的要求，关键在于能否在贮藏期保持其风味。浓度越高的果蔬汁，风味变化越突出。风味的变化与非酶褐变形成的褐色物质有关。柑橘类果汁风味变化与温度有关，如在4 ℃下贮藏，风味变化缓慢。

(三) 果蔬汁中营养成分的变化

不同的贮藏温度，对果蔬汁中维生素C的保存有很大的影响，汁液中类胡萝卜素、花青甙和黄酮类色素受贮藏温度、贮藏时间、氧、光和金属含量的影响。蔗糖转化是果汁贮藏中的重要变化之一，较高的贮温会促进蔗糖转化。因此果蔬汁贮藏要有适宜的低温，贮藏期不宜过长，避光，隔氧，采用不锈钢设备、管道工具和容器，防止有害金属的污染。

(四) 罐内腐蚀

果蔬汁一般为酸性、腐蚀性食品，它对镀锡箔板有腐蚀作用。提高罐内真空度，采用软罐包装（塑料包装），降低贮温等可防止罐内腐蚀。

(五) 浓缩汁的败坏

浓缩汁的败坏常与双乙酰细菌的感染和低劣的贮藏条件有关。当果蔬汁中的果胶丧失胶凝化作用后，汁内非可溶性悬浮颗粒会集聚在一起，导致果蔬汁形成一种可见的絮状物。果蔬成熟度、果汁温度，有无天然存在于汁中的果胶酶及用酶剂量的多少都会影响絮状物形成。果蔬品种差异也会影响絮状物形成。

【知识和技能考查】

一、填空题

1. 原汁可分为________和________两种。

2. 浓缩果汁是原汁经________或________，或用其他适当的方法制成，浓缩倍数有3、4、5、6等几种，可溶性固形物有的可高达______________。

3. 制作混浊汁需要有________与________的工序。脱气的目的是除去果蔬汁中的空气抑制________及________、________、芳香物质和其他物质的氧化；除去果蔬汁中悬浮微粒上的________，抑制微粒上浮，保持______________；减少装罐和高温瞬间杀菌时果蔬汁________，减少对罐头内壁的腐蚀。

4. 制作浓缩汁需要有______________的工序。浓缩前原果蔬汁应经____、____、____和____等工序。常用的浓缩方法有________、________和反渗透浓缩法。

5. 在________之前，为了防止产生________而降低产品的品质而采取的工艺，可使细小颗粒进一步细碎，使粒子________，促进果胶溶出和果汁亲和，保持果汁均匀混浊度。均质的主要设备有________、超声波均质机及________。

6. 浓缩的作用有：________；可减少因________和品种所造成的成分上的差异；________和________提高，增进可保藏性并适于________。

7. 果蔬汁的调整与混合，俗称________，其根据果蔬汁产品的类型和要求不同并不完全一致。调配的基本原则一方面是________________，使不同批次产品保持一致性，另一方面是为了提高果蔬汁产品的____、____、____和____等。

8. 果蔬汁杀菌的目的是____________，以免引起果蔬汁的不良变化。果蔬汁的杀菌广泛采用____________和____________。目前，在果蔬汁加工灌装的生产过程中，一般采用________、________、________等三种方式。

二、名词解释

1. 果蔬汁 2. 澄清果蔬汁 3. 混浊果蔬汁 4. 浓缩果蔬汁 5. 脱气 6. 均质

三、简答题

1. 比较澄清果蔬汁、混浊果蔬汁的优缺点。
2. 常用的杀菌方法有哪些？
3. 澄清果蔬汁澄清的方法有哪几种？
4. 澄清果蔬汁的过滤方法有哪几种？
5. 脱气的目的是什么？脱气的方法有哪几种？
6. 高压均质机的基本原理是什么？
7. 果蔬汁的浓缩方法主要有哪三种？
8. 果蔬汁加工中常见的质量问题与处理方法有哪些？
9. 简述柑橘汁加工工艺流程。
10. 简述胡萝卜汁加工工艺流程。

四、技能题

组织学生分组加工梨汁，学生通过课程学习和查阅资料设计相应的方案，包括自己写工艺流程，选取加工设备、仪器、器皿、原材料等，并且完成实训报告。

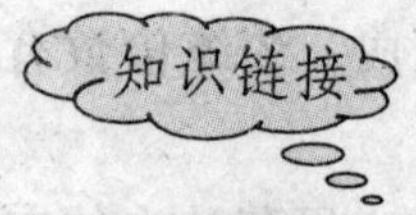

什么是食品香料？

食品香料是指能够用于调配食品香精并使食品增香的物质。它不但能够增进食欲，有利消化吸收，而且对增加食品的花色品种和提高食品质量具有很重要的作用。

食品香料是一类特殊的食品添加剂，其品种多、用量小，大多存在于天然食品中。由于其本身强烈的香味，在食品中的用量有限。目前世界上所使用的食品香料品种近 2 000

种，我国已经批准使用的品种约 1 300 多种。

食品香料按其来源和制造方法等的不同，通常分为天然香料、天然等同香料和人造香料三类。

1）天然香料

它是用纯粹物理方法从天然芳香植物或动物原料中分离得到的物质。通常认为这种香料的安全性高。

2）天然等同香料

它是用合成方法或由天然香料经化学过程分离得到的物质。这些物质与供人类消费的天然产品（不管是否加工过）中存在的物质，在化学上是相同的。这类香料品种很多，占食品香料的大多数，对调配食品香精十分重要。

3）人造香料

它是在供人类消费的天然产品（不管是否加工过）中尚未发现的香味物质。此类香料品种较少，均是用化学合成方法制成，且其化学结构迄今在自然界中尚未发现存在。基于此，这类香料的安全性引起人们极大关注。在我国，凡列入 GB/T 14156－1993《食品用香料分类与编码》中的这类香料，均经过一定的毒理学评价，被认为对人体无害（在一定的剂量条件下）。其中除了经过充分毒理学评价的个别品种外，目前均列为暂时许可使用。

什么时候喝果汁？ 

根据 2007 年央视 CTR 市场咨询公司的《中国果汁健康消费调查报告》，消费者饮用果汁存在着七大误区。

误区一：认为果汁和果汁饮料一个样

纯果汁和果汁饮料是两个完全不同的概念。纯果汁也就是我们常说的 100% 纯果汁，是采用压榨或浸提、渗滤方法将水果加工成能发酵但是未发酵的汁液，或在浓缩果汁中加入果汁浓缩时失去的等量的水还原制成的具有原水果的色泽、风味和可溶性固形物的制品。而果汁饮料是在果汁中或浓缩果汁中加入水、糖、酸味调节剂等调制而成的清汁或浊汁制品，成品中果汁含量不低于 10%。果汁饮料的果汁含量是低于纯果汁的，营养价值也低于纯果汁。通常 100% 纯果汁的价格要高于果汁饮料。

误区二：喝果汁会发胖，喝果汁血糖会升高

在纯果汁中是不额外添加糖的，喝纯果汁和吃水果是一样的。众所周知许多水果都是很好的减肥食品。血糖是否会升高取决于所喝果汁的生糖指数（GI），不同的果汁的 GI 值是不同的，如果你所喝的果汁的 GI 值在 55 以下，通常是不会使血糖升高的。

误区三：喝鲜榨果汁更新鲜、更安全

经过现代化设备工业化生产的纯果汁产品，达到甚至优于国家卫生指标的要求，饮用更安全。因为在果汁加工过程中采用了先进的水果冷破碎和榨汁技术，在榨汁过程中采取了护色措施，并对果汁进行了短时高温杀菌和无菌灌装，确保了产品品质的一致性和安全性。而家用鲜榨机在榨汁过程中无护色措施，使榨出的果汁极易被氧化变成褐色；鲜榨出的果汁一般不进行消毒杀菌，果汁鲜榨过程不是封闭的，极易造成污染；榨汁机使用时只能简单用清水清洗，不能对榨汁机本身进行彻底消毒，无法像工业化生产中对设备进行彻底灭菌，也就无法保证鲜榨汁产品品质的一致性和卫生安全。如果家用鲜榨机鲜榨出的果汁不及时饮用，极易发生产品变质。

误区四：吃水果比喝果汁强

纯果汁是在水果成熟季节将水果加工成果汁、果浆或浓缩果汁的，不仅保留了水果原有的营养成分，而且还可以提高某些营养素在人体内的吸收率，如胡萝卜素、番茄红素。新鲜水果必须及时食用，才可以提供应有的营养，如果新鲜水果不及时吃，那么水果在存放期间仍在呼吸，会导致水果水分蒸发，营养价值降低。

误区五：早晨喝果汁对胃不好

饮用果汁就像食用水果一样，随时可以饮用，但最适宜在早餐时间和两餐之间饮用。因为果汁含有多种有机酸、芳香物质和酶类，可以刺激食欲，有助于消化，因此，可以作为早上的开胃食品。在两餐之间喝果汁，目的在于摄取果汁中的营养价值，如果汁中特别富含钾、铁、硒、铬等无机盐和微量元素、维生素C、胡萝卜素以及多种抗氧化活性物质。

误区六：早晨应该喝牛奶而不是喝果汁

健康的饮食应该营养均衡，不仅要有蛋白质，还要有维生素和矿物质、膳食纤维。早晨是一天的开始，需要有旺盛的精力迎接一天的挑战，早晨饮用果汁可以补充人体所需的维生素和矿物质。

每天喝两杯果汁（500 mL）是一种比较好的习惯，这样可以满足人体一天对不同的维生素、矿物质和微量元素的需求。

误区七：牛奶不能与果汁一起喝

多年来一直流传着果汁和牛奶不能同时喝的说法，说是果汁含酸量高，牛奶和果汁同饮时会造成蛋白质沉淀，其实没有果汁，牛奶在胃里面遇胃酸也会沉淀。目前果汁加牛奶的饮品在市场上也很常见，牛奶和果汁的营养全都包括了。但对于平常肠胃不好的人来说，在饮食上确实需要注意一些。

复合蔬菜汁和果蔬复合汁

复合蔬菜汁和果蔬复合汁是利用不同种类的蔬菜和水果为原料汁制成的一种蔬菜汁或果蔬复合汁产品。该类产品根据人体对各种维生素及矿物质营养的需求调配而成，既要保证营养的需要，又要追求美丽的色泽及宜人的口味。

以蔬菜汁为人类提供维生素为例，与番茄相比，胡萝卜含有维生素A的营养成分较高，而番茄中维生素C的含量较高，利用这两种蔬菜原料制成复合汁，可以使人体需要的维生素A与维生素C同时得到满足，使维生素在种类及数量上互补。

又如，胡萝卜含有大量的β-胡萝卜素，被吸收后能够转变为维生素A，番茄含有丰富的维生素C及番茄红素，芹菜能够提供大量的矿物质元素及丰富的叶绿素，这些都是儿童及老年人专用饮料的首选材料。它们常与橙汁及菠萝汁或猕猴桃汁组成最佳组合。

复合蔬菜汁和果蔬复合汁饮料不仅应具有较全面的营养，而且各营养成分通过相互配伍要能保持良好的协调平衡性。不能因为一种蔬菜或水果原料汁的加入，使整个复合蔬菜汁和果蔬复合汁产品的外观及营养受到不良影响，否则会削弱该产品的营养价值，也会对产品的商品价值产生不良影响。应注意配伍对果蔬汁稳定性、微量元素营养成分被吸收难易等方面的影响。

学习情境四　果蔬糖制品加工

工作任务　苹果脯、草莓酱加工

【情境描述】

完成苹果脯、草莓酱的加工操作。

【作业质量要求】

（1）掌握糖制品果脯、蜜饯加工中主要工序加糖煮制的操作条件：时间、温度、加糖次数以及煮制液的糖浓度。

（2）果脯的感官要求：色泽、组织形态、滋味与气味优质。

（3）草莓酱的感官要求：酱体有光泽，色泽均匀一致，具有草莓酱罐头应有的滋味及气味，果实香味浓，甜酸适口，无异味。

【学习目标】

掌握苹果脯、草莓酱的制作技术及生产操作要点，熟悉其生产流程，进一步掌握更多糖制品的加工工艺。

【技能目标】

正确操作手持式糖度仪和滴定管，达到作业要求；掌握果蔬糖制品加工的操作要点，合理地操作、使用和维护加工设备，在掌握理论知识的基础上与实训相结合。

【所需设备、工具和材料】

（1）仪器、器皿：打浆机、温度计、不锈钢刀、不锈钢锅、四旋盖玻璃瓶等。

（2）试剂：食盐、白砂糖、柠檬酸。

（3）原材：苹果、草莓。

【相关知识】

果蔬糖制是利用高浓度糖液的渗透脱水作用，将果品蔬菜加工成糖制品的加工技术。糖制通过增加果蔬本身的含糖量和减少其含水量，使制品具有较高的渗透压，从而使微生物细胞的原生质脱水收缩，产生生理干燥现象而无法生存，达到保藏制品的目的。

果蔬糖制品具有高糖、高酸等特点，这不仅改善了原料的食用品质，赋予产品良好的色泽和风味，而且提高了产品在保藏和运输过程中的品质和期限。

利用糖保藏食品在我国已有悠久的历史，早在公元5世纪甘蔗制糖技术发明以前，我国就已能利用蜂蜜制作果脯。有了蔗糖以后，才用蔗糖代替了蜂蜜。各地随着果蔬糖制技术及其加工产业的发展，世界各国加工出了各种果蔬糖制品，我国也研制和加工出了各具特色的糖制品，如北京的果脯，苏州的话梅，上海的什锦果酱，山东的果丹皮，河南的金丝蜜枣、山楂糕等都是著名的果蔬糖制品。

一、果蔬糖制品的分类

果蔬糖制品按其加工方法和制品形态的不同可分为果脯类与果酱类，一些果蔬糖制品如图4－1所示。果脯类包括果脯、不透明糖衣果脯、透明糖衣果脯、蜜饯和带汁蜜饯；果酱类包括果酱、果泥、果冻、果糕、果丹皮。

图4－1　果蔬糖制品

（一）果脯类

1）果脯

去皮切分（或不切分）的块状果蔬经糖渍后晾晒或烘制，呈棕黄色或琥珀色，果体透明，表面干燥而不沾手的制品。

2）不透明糖衣果脯

去皮切分（或不切分）的块状果蔬经糖渍后烘制，然后在表面包被一层粉末状糖衣，呈不透明状的制品。

3）透明糖衣果脯

去皮切分（或不切分）的块状果蔬经糖渍后烘制，然后在表面包被一层透明似蜜的糖质薄膜，呈半透明状的制品。

4）蜜饯

去皮切分（或不切分）的块状果蔬经糖渍后，在其表面粘一层透明似蜜的浓糖浆的制品。

5）带汁蜜饯

去皮切分的块状果蔬经糖渍后，保存于浓糖液中的制品。

（二）果酱类

1）果酱

果蔬原料经去皮、切分、热烫、打浆后，加糖（含酸及果胶量低的原料可适量添加酸和果胶）浓缩而成的半流体状凝胶制品。

2）果泥

果蔬原料经去皮、切分、热烫、打浆后，加糖浓缩而成的稠厚泥状制品。

3）果冻

果蔬经去皮、切分、软化、榨汁后，在汁液中加糖、酸（含酸高的果蔬原料可不加酸）以及适量果胶浓缩得到的半流体状凝胶制品。

4）果糕

果蔬经软化、打浆后，加糖、酸、果胶（酸和果胶含量高的原料可不加）浓缩而成的半固体状凝胶制品。

5）果丹皮

将制取的果泥刮片、烘制而成的柔弱薄片。

二、果蔬糖制品的保藏原理

果蔬糖制品的保藏原理是利用高浓度的糖降低制品的水分活度，使腐败的微生物不仅失去了正常生命活动所需的游离水，而且高浓度糖高渗透压使微生物细胞失水，从而抑制了微生物的生长繁殖。此外，高浓度糖可以降低制品中的氧含量，有效抑制好氧微生物的生命活动，延长产品的保质期。

（一）糖的性质

1）糖的溶解度与晶析

糖的溶解度是指在一定温度下，一定量的饱和糖溶液内溶解的糖量。糖的溶解度随温度的升高而逐渐增大。

当糖制品中液态部分的糖在某一温度下浓度达到过饱和时，可呈现结晶现象，称为晶析，也称“返砂”。

2）糖的转化

蔗糖、麦芽糖等双糖在稀酸与热或酶的作用下，可以水解为等量的葡萄糖和果糖，称为转化糖。酸度越大（pH 值越低），温度越高，作用时间越长，糖转化量就越多。

3）糖的吸湿性

糖制品吸湿以后降低了糖浓度和渗透压，削弱了糖的保藏作用，引起制品败坏和变质。

4）糖的甜度

糖是食品的主要甜味剂，糖的甜度影响着制品的甜度和风味。甜度高低以口感判断，即以能感觉到甜味的最低含糖量——味感阈值来表示，味感阈值越小，甜度越高。

5）糖液的浓度和沸点

糖液的沸点随糖液浓度的增大而升高。

（二）糖的保藏作用

1）高渗透压

溶液都具有一定的渗透压，糖液的渗透压与其浓度和分子量大小有关，浓度越高，渗透压越大。大多数微生物细胞的渗透压只有 0.355 ~1.692 MPa，糖液的渗透压远远超过微生物的渗透压。当微生物处于高浓度的糖液中，其细胞里的水分就会通过细胞膜向外流出，形成反渗透现象，微生物则会因缺水而出现生理干燥，失水严重时可出现质壁分离现象，从而抑制了微生物的生长。

2）降低糖制品的水分活性

大部分微生物适宜生长的水分活度（Water Activity，Aw）在0.9以上。当食品中可溶性固形物增加，游离含水量则减少，即Aw值变小，微生物的生长就会因游离水的减少而受到抑制。

3）抗氧化作用

由于氧在糖液中溶解度小于在水中的溶解度，糖浓度越高，氧的溶解度越低。糖液中氧含量的降低，有利于抑制好氧型微生物的活动，也利于制品色泽、风味和维生素的保存。

4）加速糖制原料脱水吸糖

高浓度糖液的强大渗透压，亦加速原料的脱水和糖分的渗入，缩短糖渍和糖煮时间，有利于改善制品的质量。

三、果蔬糖制品加工工艺流程和操作要点

果脯、蜜饯类制品

（一）加工工艺流程

果脯、蜜饯类制品的加工工艺流程如图4-2所示。

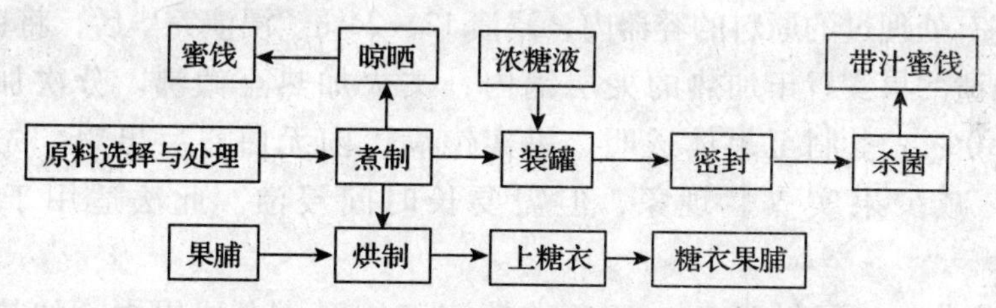

图4-2　果脯、蜜饯类制品的加工工艺流程

（二）操作要点

1. 原料选择与处理

原料品种要求肉质紧密，保持果实或果块形态，耐煮性强。选择原料应特别注意成熟度，要求在绿熟至坚熟时采收。成熟度太高，易煮烂；成熟度太低，组织致密，不利于糖扩散。蜜枣类则要选择果大核小、质地较疏松的品种。原料处理包括清洗、去皮、切分、去核、去心、硬化、护色等工序，具体操作参照学习情境一的任务二。

2. 煮制

加糖煮制是果脯、蜜饯类制品加工的主要工序，其作用是使糖更好地渗透到果实内部，煮制时间、温度、加糖次数以及煮制液的糖浓度都直接影响成品质量。

按照煮制过程的操作不同，煮制方法可分为常压煮制和真空煮制。常压煮制是指处理后的原料于常压条件下在糖液中煮制的过程；真空煮制是指处理后的原料于真空条件下在糖液中煮制的过程。

1）常压煮制法

常压煮制法又可分为一次煮成法、先浸后煮法与多次煮成法。一次煮成法是将处理后的原料在较低浓度的糖液中煮制，在煮制过程中分次加糖，使糖浓度缓慢升至65%以上的煮制过程；先浸后煮法是将处理后的原料在较低浓度（50%）的高温（80～90 ℃）糖溶液中浸渍一定时间，然后在高浓度糖溶液中煮制的过程；多次煮成法是将处理后的原料在不同浓度的糖液中多次加热煮制和浸渍的过程。

（1）一次煮成法。将40%～50%的糖液倒入夹层锅内，再将处理好的果实（25～30 kg需加糖液35～40 kg）倒入盛有糖液的锅中，猛火加热使糖液沸腾，然后分次加白砂糖煮制，每次加糖量为5～7 kg，使糖液浓度缓慢升至65%以上，糖煮至果体透明，肉质肥厚，内无白心后，则可出锅。分次加糖的目的是使果实内外糖液浓度差异不要过大，使糖逐渐地渗透到果蔬组织内部。否则，如果一次加糖过多，糖液浓度骤然升高，果蔬组织会在较短的时间内失水太多而急剧收缩，而且高浓度糖液的黏度较高，这就使糖液中的糖不易渗入果实组织内部，从而导致糖制品干缩而不饱满（“吃糖”不足）。若能在煮制过程中适当地配合加入冷糖液，会使锅内糖液温度降低，正在糖煮的果实内部蒸汽变得稀薄，内压降低，从而促进糖的渗透。一次煮成法快速省工，但果实受热时间较长，容易软烂，长时间加热影响产品的色、香、味，而且维生素损失较多。一次煮成法适用于苹果、沙枣等品种的糖制。

（2）先浸后煮法。配制50%的糖溶液，倒入夹层锅内，加热至80～90 ℃，然后将热的浓糖液倒入盛有处理过的原料的容器内，浸渍12～24 h。浸渍完毕后，将糖液过滤去沉淀，将糖液与浸渍的果实置于加热的夹层锅内，文火加热至微沸。分次加糖，使糖液浓度缓慢升至60%，煮制至果体透明，果实饱满，内无白心后出锅。先浸后煮法缩短了煮制时间，减少果实煮烂现象，但需要长时间浸渍。此法适用于较易煮烂的果实。

（3）多次煮成法。配制30%～40%的糖溶液，倒入夹层锅内，加热至沸腾，将处理后的原料（果实40～60 kg需糖液25～50 kg）倒入盛有糖液的夹层锅内，煮制2～5 min，然后将果实与糖液一同倒入缸中，浸渍12～24 h。在上述煮制和浸渍的过程中，果肉细胞膜与壁变性，增加了透性，使糖缓慢渗入果肉中。加糖将糖液浓度提高到50%～55%，再加热煮沸十几分钟，然后再在大缸内浸渍12～24 h。再加糖将糖液浓度提高至65%，煮制至果体透明、饱满、内无白心，捞出果实，沥去糖液。

多次煮成法与一次煮成法相比，果实在煮制过程中受热时间短，不易产生煮烂现象，有利于保持果实原有的色、香、味以及营养成分，糖的渗透扩散协调平衡，制品不易干缩。但浸渍时间较长，操作复杂，加工时间较长。该法适用于桃、梨、杏等易煮烂的果实。

2）真空煮制法

真空煮制法是将处理的果实在真空条件下（真空度83 545 Pa）依次在低浓度糖液到高浓度糖液（60%～70%）中煮制与浸渍的过程，煮制的温度为55～70 ℃。其加工工艺流程如下：原料处理→在25%的糖液中抽空、煮制、浸渍→在40%的糖液中抽空、煮制、浸渍→在60%～70%的糖液中抽空、煮制、浸渍→捞出并沥干糖液→烘制→成品。

在真空条件下煮制时，果实内部的压力低，解除真空并放入空气时，形成果实内外的压力差促使糖渗入果肉内部。这种煮制方法采用的温度低，所以能较好地保持原料原有的色、香、味与营养成分，有效地防止煮烂。此法适用于易煮烂果实原料的糖制。

3. 不同果脯、蜜饯类制品糖煮后的处理工艺

1）果脯

（1）烘制。果脯制品经糖煮捞出后，沥干表面糖液，铺在烘盘上，在50～60 ℃的烘房内烘制，使其水分含量降至18%～20%，果体应饱满透明，不沾手，不皱缩，表面无结晶，质地柔软。

（2）整理。果脯经烘制后，要对果块进行整理，去除不整齐的棱角，需要特定形状的制品须整形。例如，柿饼为扁平状，即柿饼烘制后期应压制为扁平状，使其外观整齐一致。

（3）包装。整形后的果脯应采用玻璃纸包装，再装入塑料袋内并密封，也可直接装入塑料袋内，最后装箱。

2）透明糖衣果脯

透明糖衣果脯要求糖煮整形后的制品表面包被一层透明的糖质薄膜，具体方法如下：将蔗糖、淀粉糖浆与水按3∶1∶2的比例在锅内混合，加热至沸腾（103～114.5 ℃），冷却至93 ℃，将烘制整形后的制品倒入上述糖液中浸渍1 min后捞出，散放在烘盘上，50 ℃条件下烘至不沾手且表面形成一层透明的糖质薄膜。最后用塑料袋包装。

3）不透明糖衣果脯

不透明糖衣果脯要求糖煮烘制后的制品表面粘一层白糖粉，或在糖煮时，使糖液达到过饱和程度，冷却后表面形成一层糖结晶即可。最后采用塑料袋包装。

4）蜜饯

蜜饯是经糖煮后的制品捞出后，稍加晾晒即用塑料袋包装的制品。

5）带汁蜜饯

带汁蜜饯是经糖煮后的制品与浓糖液一起装入罐头瓶内，然后密封、杀菌、冷却而得的制品。将煮制后捞出的果块装入罐内，然后注入过滤后的浓糖液，糖液量为总净重的45%～55%，真空封罐，在90 ℃条件下杀菌20～40 min，冷却、贴标，即为成品。

果酱类制品

（一）加工工艺流程

果酱类制品的加工工艺流程如图4－3所示。

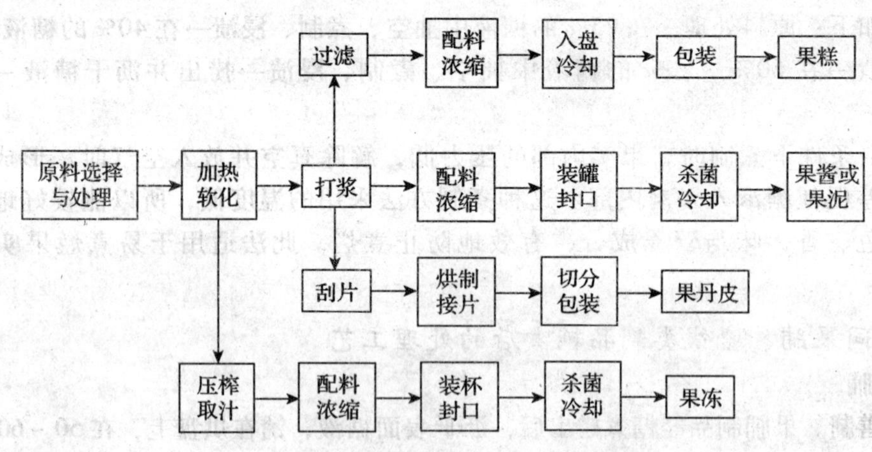

图 4-3 果酱类制品的加工工艺流程

（二）操作要点

1. 原料选择

生产果酱类制品（除果泥外）的原料要求果胶与酸含量高，芳香味浓，成熟度适宜，加热不易产生异味。对于含果胶与酸少的原料，要求浓缩时适量添加果胶与柠檬酸，或与富含果胶与酸的原料复配。

2. 原料处理

剔除霉烂变质、病虫害严重的果实，去果柄，切除腐烂斑点。清洗、去皮（或不去皮）、切分、去核（心）、护色等工序的操作参照学习情境一的工作任务二。

3. 加热软化

加热软化是将处理后的原料在水或糖液中进行热处理的过程。加热软化用水或糖液的量为原料的 20% ~50%，热处理的温度为 95 ℃以上，热处理的时间为 10 ~20 min，若用糖液对原料进行软化处理，则糖的浓度为 10% ~35%。软化操作对制品质量影响很大，软化时间短、温度低，不利于打浆；软化过度，则会导致果胶水解，不利于凝胶的形成。

加热软化的目的：① 破坏酶的活性，便于打浆和糖的渗透；② 促使果实中的果胶溶出，有利于凝胶的形成；③ 蒸发部分水分，缩短浓缩时间，促进色素和营养成分溶出。

4. 打浆、过滤与压榨

取汁软化后的原料与软化用水或糖溶液一并用打浆机打浆，制得果肉浆液，该果肉浆液用于加工果酱、果泥或果丹皮；软化的果实打浆后过滤，除去果渣，过滤所得果肉浆液用于加工果糕；软化的果实利用榨汁机榨取果汁，该果汁用于加工果冻。

5. 配料浓缩

不同果酱类制品具有不同的形态与结构，它们的可溶性固形物含量、含糖量也不同，所以不同果酱类制品的配料以及浓缩程度各有不同。

1）果酱的配料与浓缩

果酱的配料因原料的不同而有所差异，一般要求果肉浆占40%～50%，砂糖占45%～60%，其中可用20%以下的淀粉糖浆代替白砂糖。为了使产品中的果胶、酸与糖之间的比例适宜，通常根据原料中果胶与酸的含量，添加适量的柠檬酸与果胶，一般要求成品果酱中酸含量为0.5%～1%，果胶含量为0.4%～0.9%，然后将各种配料分别溶解。砂糖配成70%～75%的浓糖液。柠檬酸配成0.5%的溶液。将果胶粉与其重量2～4倍的白砂糖混合，再用比果胶粉重10～15倍的水溶解果胶粉与白砂糖。根据以上要求将各种配料准备好后，则可对果肉浆进行加热浓缩。

加热浓缩的目的：① 排除果肉浆中的大部分水分，提高果肉浆中糖、酸、果胶的含量；② 改善酱体的组织形态与风味，破坏酶的活性，杀灭有害微生物；③ 排除果肉酱中的气体，有利于制品的保藏。

加热浓缩的方法有两种，即常压浓缩与真空浓缩。

（1）常压浓缩。常压浓缩是将果肉浆倒入浓缩锅内，在常压条件下加热浓缩。浓缩初期，由于果肉浆中含有气体，加热导致气体溢出形成大量泡沫，所以要求快速搅拌从而防止浆液溢出锅，也可加少量冷水或植物油消除泡沫。在浓缩过程中，应分次加糖，这样有利于水分蒸发，缩短浓缩时间，避免果肉浆因长时间受热而发生焦糖化反应，影响产品的色泽。浓缩过程中，还应不断搅拌，防止锅底焦化，同时促进水分的蒸发。浓缩接近终点时，糖已全部加入，此时浓缩浆液的可溶性固形物含量已达60%以上，应依次加入果胶粉溶液与柠檬酸溶液，继续浓缩至终点。

通常采用以下3种方法来判断常压浓缩的终点：① 测定可溶性固形物法，即采用折光仪测定浓缩浆液的可溶性固形物的含量，当可溶性固形物含量为60%～65%时，即达到了浓缩终点；② 测定温度法，用温度计测量沸腾状态下浓缩浆液的温度，当沸点温度为104～105 ℃时，即达到了浓缩的终点；③ 挂片法，用搅拌的木铲或不锈钢铲自锅中挑起少许浓缩的浆液，冷却后，将木铲倾斜，使酱体滴落，若呈不连续片状落下，则已浓缩至终点。出锅，进行下一工艺过程。

（2）真空浓缩。大部分果蔬的营养成分与色素在常压条件下受热易被破坏，在真空条件下浓缩时，温度比常压浓缩的低，浓缩时间短，所以真空浓缩更有利于保持果蔬原有的色、香、味与营养成分。

真空浓缩时，待真空度达53 kPa以上时，开启进料阀，吸入果肉浆液，使其温度保持在60～65 ℃，真空度维持在86.658～95.990 kPa。若浓缩时泡沫上升剧烈，可开启进气阀，使空气进入锅内从而抑制泡沫上升，待正常后关闭进气阀。浓缩过程中的加料方法与次序同常压浓缩，当浓缩临近终点时，关闭真空泵，破除真空，在搅拌条件下将浓缩的浆液加热升温至90～95 ℃，关闭进气阀并出料。

2）果糕的配料与浓缩

用于加工果糕的原料是经打浆并过滤后的细腻果肉浆液。果糕的结构和形态与果酱相似，均属于凝胶体，但果酱为半流体状，而果糕为半固体状，所以它们的配料略有不同。加工果糕所需果胶与糖的用量比果酱多，要求成品中果胶含量为0.8%～1.2%，糖按果肉浆液的60% ~80%加入，而且需要添加适量的明矾，使果胶酸与明矾中的 Al^{3+} 发生反应，生成果胶酸盐，更有利于形成半固体状的凝胶体。酸的添加量与果酱相同或略高于果酱。果糕浓缩的方法以及糖、酸、果胶在浓缩过程中的添加同果酱制作。果糕浓缩的终点判断方法同果酱制作，但果糕浓缩至终点时，可溶性固形物含量达65%，沸点温度为105 ℃。浓缩至终点时，最后再加入明矾溶液，并加热搅拌均匀。完成这一步骤后可进行下一工艺过程。

3）果冻的配料与浓缩

果冻是透明的半流体状凝胶体，果冻的配料与果酱相似。成品果冻的可溶性固形物含量为66% ~69%，果胶含量为0.5% ~1.0%，pH 值为3 ~3.3。

配料浓缩前，首先应对果汁中的可溶性固形物、酸含量与果胶有初步的了解。果汁中可溶性固形物含量测定采用折光仪法，酸含量的测定采用酸度计法并且根据浓缩对 pH 值的影响确定加酸量。

果胶含量的测定采用如下方法：取少量果汁置于试管中（果汁量约为试管容积的1/3），加入等体积的浓度为90% ~95%的酒精，缓慢摇匀后静置10 min，若全部凝结为整体的硬块，则表示果汁中果胶含量高，用该果汁生产果冻可不加果胶粉；若部分凝结为软块状或片状，表明果汁中的果胶含量不高，利用该果汁生产果冻时，可少量添加果胶粉（0.2% ~0.4%），或者与果胶含量高的果汁合理调配后用于果冻的加工；若果汁形成絮状体，表明果汁中的果胶含量低，应将果汁浓缩后加入0.7% ~1.0%果胶粉。

根据果汁中的糖、酸与果胶含量及其在成品中的含量要求确定各种配料的添加量后，将软化后压榨的果汁过滤，除去果肉，将过滤的果汁称重后倒入浓缩锅中，加热煮沸，在浓缩过程中，撇去液面泡沫，浓缩至果汁重的1/2 ~3/5时，开始渐渐加入白砂糖，并搅拌使其全部溶解，快到终点时，加入果胶溶液与柠檬酸溶液，继续加热浓缩至终点，即可进行下一个工艺。

终点的判断方法：① 浓缩至果汁沸点温度为105 ~106 ℃；② 用小勺取少许浓缩液，其表面在空气中很快呈结皮状；③ 浓缩液的可溶性固形物含量达65% ~68%；④ 取少许浓缩液滴入凉水中呈块状下沉而不溶化。

4）果泥的配料与浓缩

果泥的形态为流体状，没有形成凝胶体。果泥中的可溶性固形物、酸、果胶的含量比果酱低，生产果泥的加糖量为果肉浆液重的50%，成品果泥中的可溶性固形物含量为40% ~42%，柠檬酸含量为0.25% ~0.45%，果胶含量为0.5% ~0.7%，而且是低甲氧果胶（果酱、果冻、果糕与果丹皮中的果胶为高甲氧果胶）。各种配料在添加前均应先溶解，其方法同果酱加工。

根据配料要求将各种配料备齐，然后将果肉浆与浓糖液倒入浓缩锅中，加热浓缩（浓缩方法同果酱），待可溶性固形物含量达20%左右时，将配好的果胶粉、柠檬酸溶液加入锅中，搅拌均匀，继续加热浓缩至可溶性固形物含量达40% ~42%时，即可出锅，进行下一个工艺。

5）果丹皮的配料与加工

果丹皮酸甜可口，有助于消化，儿童尤为喜食，而且原料丰富，制作比较简便，是一项投资小、利润大的果品。

（1）原料选择。选用含糖量、含酸量和含果胶物质较多的水果作为原料，如苹果、桃、杏、山楂等均可，但以新鲜山楂较为理想；一些残次果及果品加工厂生产罐头、果脯的下脚料也可利用，但一定要符合食品卫生标准。

（2）原料处理。将果中的杂质及病、虫、烂果剔除，冲洗干净，去核。

（3）软化制浆。将处理好的果实放在双层锅中，加入约为果实重80%或等量重的水，煮20～30 min，待果实软化后，取出倒在筛孔径为0.5～1.0 mm的打浆机中打浆，除去皮渣。如没有打浆机，可用木打浆板或木杆将果实捣烂，倒入细筛中，除去皮渣。将果浆倒入双层锅中，加入10%～30%果浆重的白砂糖及少量柠檬酸（根据果实含酸量高低而定，通常为果浆重量的0.3%～0.5%，再用文火加热浓缩，注意搅拌，防止焦糊，浓缩至稠糊状、可溶性固形物含量达20%左右时出锅。

（4）刮片烘干。将浓缩的果浆倒在钢化玻璃板上，刮成厚0.3～0.5 cm的薄片。刮刀力求平展、光滑、均匀，以提高产品的质量。刮好后将钢化玻璃送入烘房，温度60～65 ℃，注意通风排潮，使各处受热均匀，烘至手触不粘，具有韧性皮状时取出。

（5）揭起整理。将烘好的果丹皮趁热揭起，再放到烤盘上烘干表面水分，用刀切成片卷起，在成品上再撒上一层砂糖。

（6）包装出售。用透明玻璃纸或食品袋包装。

为了增进风味，在制作山楂果丹皮时，可掺入其他果品，如苹果、枣、柿、桃等。

6. 果酱类制品浓缩后的处理工艺

1）果酱

装罐前，将罐装容器清洗、消毒与检查，其方法同罐头的加工。将浓缩好的果酱迅速装入清洗消毒后的罐内，一般要求每锅在30 min左右装完，装罐时不能将果酱粘于罐口，留3～8 mm的顶隙，酱体的温度应保持在80～90 ℃，装罐后应迅速封口。密封后及时杀菌。果酱杀菌可采用沸水或蒸汽杀菌。杀菌温度与时间根据品种与罐形的不同而不同，一般在96～100 ℃下热处理10～15 min。杀菌后迅速冷却至38～40 ℃，擦干罐盖与罐身，贴标签即为成品。

2）果糕

将浓缩至终点的黏稠浆液趁热倒入瓷盘或其他容器中，冷却后即为成品。冷却的果糕也可切分成一定形状与重量的小块，用玻璃纸或塑料膜包装。

3）果冻

果汁经配料浓缩后，趁热倒入瓷盘或其他容器内冷却，将冷却的果冻切分成一定形状与重量的小块，用玻璃纸或塑料膜包装，即为成品。也可趁热装杯后封口，然后杀菌、冷却，杀菌的条件为温度95～100 ℃、时间10～15 min。第一种包装的果冻不能长期保存，第二种包装的果冻保质期达半年。

4）果泥

浓缩好的果泥应迅速装罐，装罐的要求与果酱相同。装罐后应立即封口，封口后及时杀菌，杀菌的条件为温度 110～120 ℃、时间 20～30 min，杀菌后冷却至 40 ℃。然后擦干罐体，贴标。

5）果丹皮

在钢化玻璃板上放一方形木框，其厚度为 0.4 cm。将适量调配好的果肉浆倒入并摊匀，再用木刮刀刮平，其厚度为 0.3～0.4 cm，然后送入 60～65 ℃的烘房内烘制，待干燥至有一定韧性时揭起果泥薄片，放在烘盘上继续烘干其表面水分即可。将烘制后的果泥片切分、打卷，用玻璃纸包装，然后装入塑料袋内并封口，即为成品果丹皮。

【工作过程】

一、工作课时

本单元的理论课时为 8 课时，实践课时为 6 课时，共 14 课时。

二、工作过程

苹果脯的加工

（一）加工工艺流程

苹果脯的加工工艺流程如图 4－4 所示。

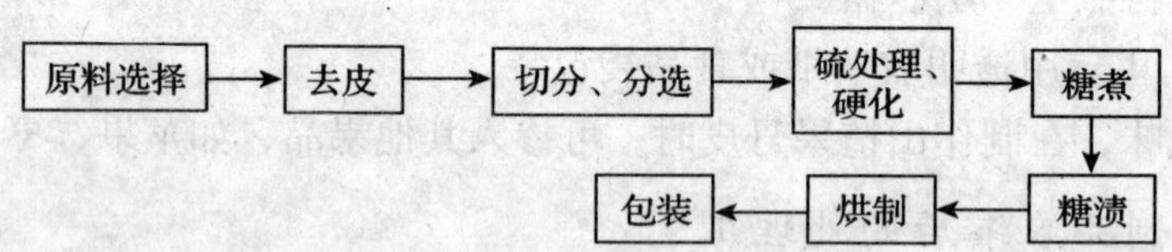

图 4－4 苹果脯的加工工艺流程

（二）操作要点

1）原料选择

选择果实肉质紧密、不易煮烂、固形物含量高的品种。果实的成熟度要适宜。果实成熟度低，产品色泽与口感差，易干缩；果实成熟度太高，则易煮烂。

2）去皮、切分、去心

用手工或机械去皮，挖去果柄并切除病斑与机械损伤部分。对半纵切，挖去果心，若果块太大，还可进一步切分。对于果形小的品种（果实最大横径为 3～4 cm），例如内蒙古栽培的黄太苹果，可以不切分。

3）硫处理和硬化

经去皮切分的果块在氯化钙（0.1%～0.2%）与亚硫酸氢钠（0.2%～0.3%）的混合溶液（每 100 kg 的混合液可浸泡 120～130 kg 的原料）中浸渍处理 6～8 h。浸泡过程要防止果实上浮，浸泡完毕，捞出后用清水漂洗 2～3 次。对于不易煮烂的果实，在浸泡液中可以不加氯化钙。

4）糖煮

苹果的质地因品种和成熟度的不同而差异很大，对于不易煮烂的品种，可采用一次煮成法，对于易煮烂的品种，可采用多次煮成法。

（1）一次煮成法。将40%～50%的糖溶液25 kg煮沸，再把处理后的30 kg果块倒入煮沸的糖液中，煮沸4～6 min后，在糖煮锅内浇入上次煮制用的冷糖液5 kg左右，再煮沸4～6 min，再加冷糖液5 kg左右，如此重复进行3～4次，需要30～40 min。待果块发软膨胀，表面出现细小裂纹时，分次向锅内撒入白砂糖和冷糖液，加糖的时间间隔为5 min。第一次与第二次分别加白砂糖3～4 kg，浓度为60%的冷糖液1～2 kg，第三次与第四次分别加白砂糖4～5 kg，浓度为60%的冷糖液1 kg，第五次与第六次分别加白砂糖6～8 kg，浓度为60%的冷糖液1 kg。此后用文火加热煮制20～30 min，待果块透明，则可出锅，将果块和糖液一并倒入缸中，浸泡24～48 h。

（2）多次煮成法。将浓度为50%的浓糖液45 kg倒入糖煮锅内，加热至沸腾，将处理后的果块倒入糖煮液中，同时加入40 g的柠檬酸，煮沸10～15 min后，将果块与糖液一同倒入大缸内浸泡24 h。浸泡结束后，将果块与糖液一同倒入糖煮锅内，加热煮制10～15 min。在煮制过程中，分两次加入白砂糖8～10 kg，再将果块与糖液一同倒入缸内进行第二次浸泡，浸泡时间为24～48 h。第二次浸泡结束后，进行第三次煮制，将果块与糖液一同倒入糖煮锅内煮制20～30 min，煮制过程中分次加糖，每次加糖量约5 kg，直至糖液的浓度为65%，果体透明，果肉的含糖量已接近成品的标准要求，捞出果块，沥去糖液。

5）烘制

将沥去糖液的果块摆放在烘盘上，在60～65 ℃的条件下烘烤至果块不沾手为度。

6）包装

将烘制后的果脯用玻璃纸逐个包装，然后再装入塑料袋内，封口。也可将糖煮、烘制后的果块直接用塑料袋包装。

（三）质量标准

1）感官要求

苹果脯的感官要求应符合表4－1的规定。

表4－1　苹果脯的感官要求

项目	要求
色泽	具有该品种经糖渍后所应有的天然色泽
组织形态	块形完整，糖分渗透均匀，有透明感，大小、厚薄基本一致，无返砂现象，不流糖，不拈手，无较大表面缺陷
滋味与气味	具有该品种应有的滋味与气味，酸甜适口，不牙碜，无异味
杂质	无肉眼可见外来杂质

2）理化指标

苹果脯的理化指标应符合表4－2的规定。

表 4-2　苹果脯的理化要求

项目	指标
水分/%	≤22
总糖（以转化糖计/%）	≤75
净含量/g	按包装标示规定，负偏差符合国家包装商品计量规定

(3) 重金属含量、卫生指标

苹果脯的重金属含量、卫生指标应符合表 4-3 的规定。

表 4-3　苹果脯的重金属含量、卫生指标

项　目		指　标
砷/(mg/kg)		≤0.1
铅/(mg/kg)		≤0.05
铜/(mg/kg)		≤50
二氧化硫残留量/(g/kg)（以游离 SO_2 计）		≤1.0
防腐剂	苯甲酸	不得检出
	山梨酸/(g/kg)	≤0.5
合成色素		不得检出
糖精钠		不得检出
六六六/(mg/kg)		≤0.05
滴滴涕/(mg/kg)		≤0.05
菌落总数/(个/g)		≤400
大肠菌落/(个/100 g)		≤15
致病菌		不得检出
霉菌个数/(个/g)		≤25

草莓酱的加工

(一) 加工工艺流程

草莓酱的加工工艺流程如图 4-5 所示。

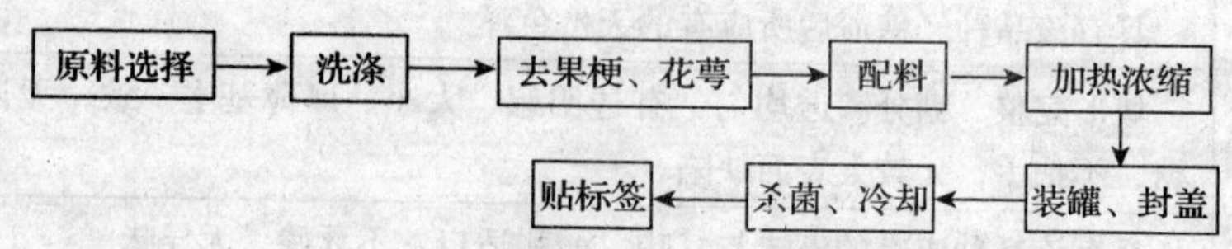

图 4-5　草莓酱的加工工艺流程

(二) 操作要点

1) 原料选择

选果胶与酸含量高、香味浓郁的品种。果实呈红色或淡红色，成熟度为八成。

2）去皮、切分

将洗干净的草莓用不锈钢刀去掉果梗、花萼。

3）预煮、打浆

将果块放入不锈钢锅中，并加入果块质量50%的水，煮沸15～20 min进行软化，预煮软化升温要快，然后打浆。

4）浓缩

果浆和白砂糖为1:（0.8～1）的质量比，并添加0.1%左右的柠檬酸。先将白砂糖配成75%的浓糖液煮沸后过滤备用。将果浆、白砂糖液放入不锈钢锅中，在常压下迅速加热浓缩，并不断搅拌；浓缩时间以25～50 min为宜，温度为106～110 ℃时，便可起锅装罐。出锅前，加入柠檬酸并搅匀。

5）装瓶、封盖

将瓶盖、玻璃瓶先用清水洗干净，然后用沸水消毒3～5 min，沥干水分，装瓶时酱体温度保持在85 ℃以上，装瓶后迅速拧紧瓶盖。

6）杀菌、冷却

采用水浴杀菌，升温时间5 min，沸腾下保温15 min；然后分别在75 ℃、55 ℃水中逐步冷却至37 ℃左右，得成品。

（三）质量标准

可溶性固形物含量65%～70%；总含糖量不低于50%；含酸量以pH计在2.8以上、3.1左右为好。

1）感官指标

草莓酱的感官指标应符合表4－4的规定。

表4－4　草莓酱的感官指标

项　目	等　级		
	优级	一级	合格
色泽	酱体呈紫红色或红色，有光泽，均匀一致	酱体呈红色或暗红色，稍有光泽，较均匀一致	酱体呈淡红色或红褐色，稍有光泽，较一致
滋味气味	具有草莓酱罐头应有的滋味及气味，果实香味浓，甜酸适口，无异味	具有草莓酱罐头应有的滋味及气味，果实香味较浓，甜酸较适口，无异味	具有草莓酱罐头应有的滋味及气味，无异味
组织形态	酱体呈胶黏状，徐徐流散，有部分果块、果实无果蒂，无汁液析出	酱体呈胶黏状，徐徐流散，有部分果块、果实无果蒂，允许有轻微的汁液析出	酱体呈胶黏状，徐徐流散，有部分果块、果实无果蒂，允许少量汁液析出

2）理化指标

可溶性固形物含量按开罐时折光计，高糖草莓酱大于65%，低糖草莓酱为45%～55%。

3）重金属含量、卫生指标

草莓酱的重金属含量、卫生指标同苹果脯指标（见表4－3）。

4）微生物指标

应符合罐头商业无菌要求。

三、注意事项

（一）果脯、蜜饯类制品加工时煮烂与皱缩的原因与预防措施

煮烂的原因是：① 果实成熟度太高；② 果实本身不耐煮；③ 没有选择合理的糖煮工艺，导致果实在糖煮过程中受热时间太长；④ 没有对原料进行硬化处理；⑤ 有时为了加速糖的渗透对果实进行划线，但划线太深或划线方式不合理，会导致煮烂现象。

皱缩的原因是：① 果实成熟度不够，果肉致密，不利于糖的渗透和扩散，会导致"吃糖不足"，易产生皱缩；② 糖煮初期糖的浓度太高，果实组织快速失水而萎缩；③ 糖煮液黏度太大，不利于糖的渗透与扩散，使制品产生皱缩。

预防果脯、蜜饯类制品煮烂与皱缩的方法：① 选择成熟度适宜的果实；② 选择耐煮的品种；③ 原料在糖煮前进行硬化处理；④ 选择合理的糖煮工艺与技术，尽可能缩短糖煮时间。

（二）果脯返砂与流汤的原因与预防措施

返砂是指果脯表面产生糖的结晶的现象。这是因为果脯中蔗糖含量太高，而转化糖含量太低，蔗糖的溶解度小，容易在果脯表面结晶而导致。流汤是指果脯在高湿条件下吸潮，使其表面湿润发黏的现象。这是因为果脯中转化糖含量太高，果糖与葡萄糖有较强的吸湿性，所以在高湿条件下易发生吸潮流汤。实践证明，当转化糖含量占果脯中总糖量的50%以下时，容易发生返砂现象；当转化糖占果脯中总糖的70%以上时，易发生流汤现象。当成品果脯中的转化糖占总糖的比例为50% ~70%时，不发生返砂与流汤现象。

果脯中的转化糖与蔗糖的比例直接受糖煮液中转化糖与蔗糖比例的影响，所以糖煮过程中，合理控制煮制液中转化糖与蔗糖的比例，可有效预防果脯的返砂与流汤。控制煮制液中转化糖与蔗糖比例的方法：糖煮过程中加的糖为蔗糖，调整糖煮液的pH值，使蔗糖在酸性条件下水解，增加转化糖的含量，同时配合分次加糖，则可有效控制糖煮液及成品果脯中转化糖与蔗糖的比例；若糖液循环使用，可在糖煮过程中，配合添加上次煮制所用的糖液，或用部分蜂蜜、淀粉糖浆替代白砂糖，直接增加糖煮液中转化糖的比例，预防返砂。但上次的糖煮液以及蜂蜜、淀粉糖浆的添加也不能太多，否则又会导致成品中转化糖含量太高而产生流汤现象。

【知识和技能考查】

一、填空题

1. 果蔬糖制品按其加工方法和制品形态的不同可分为________与________。果脯类包括________、________、________、蜜饯和带汁蜜饯；果酱类包括________、________、________、________、________。

2. 果蔬糖制品的保藏原理是利用________降低制品的________，使腐败的微生物不仅失去了正常生命活动所需的游离水，而且高糖的高渗透压使微生物细胞失水，从而抑制

了微生物的________。

3. 果脯、蜜饯类制品的原料品种要求肉质紧密，________，________。

4. 一次煮成法中，分次加糖的目的是________________________________，使糖逐渐地渗透到果蔬组织内部。否则，如果一次加糖过多，糖液浓度骤然________，果蔬组织在较短的时间内失水太多而急剧________，而且高浓度糖液的黏度较高，这就使糖液中的糖不易渗入果蔬组织内部，从而导致糖制品________________。

5. 一次煮成法快速省工，但果实受热时间较长，容易________，长时间加热影响产品的________，而且________ 损失较多。

6. 不透明糖衣果脯要求糖煮烘制后的制品表面粘一层________，或在糖煮时，使糖液达到过饱和程度，________后表面形成一层糖结晶即可。

7. 不同果酱类制品具有不同的形态与结构，它们的________________、含糖量也不同，所以不同果酱类制品的________ 以及________ 各有不同。

8. 为了使果酱类制品中的果胶、酸与糖之间的比例适宜，通常根据原料中果胶与酸的含量，添加适量的________与________，一般要求成品果酱中酸含量为________，果胶含量为________。

9. 果酱杀菌可采用________或________。杀菌温度与时间根据品种与罐形的不同而不同，一般在________下热处理________________。杀菌后迅速冷却至________，擦干罐盖与罐身。

10. 糖煮苹果的________因品种和成熟度的不同而差异很大，对于不易煮烂的品种，可采用________________，对于易煮烂的品种，可采用________。

二、名词解释

1. 一次煮成法　　2. 真空煮制法　　3. 不透明糖衣　　4. 果脯

三、简答题

1. 简述果蔬糖制品的分类。
2. 简述果蔬糖制品的保藏原理。
3. 简述果脯、蜜饯类制品工艺流程及操作要点。
4. 简述一次煮成法的特点。
5. 比较多次煮成法与一次煮成法。
6. 简述果酱类制品工艺流程及操作要点。
7. 简述真空煮制的要求。
8. 简述果脯的质量标准。
9. 简述草莓酱罐头的感官质量要求。
10. 观察不同浓缩时间果酱质量及保存期的变化。
11. 为何果酱出锅到封口要求在 20 min 内完成，且酱温保持在 85 ℃以上？
12. 预煮软化时为何要求升温时间要短？

四、技能题

学生分组进行苹果酱的加工制作，通过课程学习，查阅资料，自己设计相应的方案，包括工艺流程，选取加工设备、仪器、器皿、原材料等，并且各组之间进行比较、品尝、评价，得出合理工艺，完成实训报告。

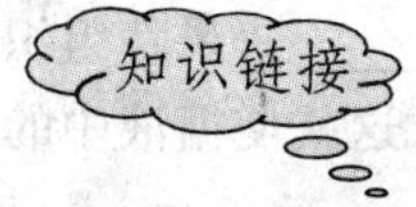

北京果脯

我国用蜂蜜腌制水果、蔬菜历史悠久，早在春秋战国时期就有文字记载，到三国时期已有莲子、藕片、冬瓜条等蜜饯。唐代宫廷为了贮存入贡水果，采用蜂蜜泡浸，开始有“蜜煎”之称。宋代蔗糖生产多起来，增添了糖渍橘饼、甜姜等。为了区别，用蜜做的叫蜜饯，用糖做的叫果脯。

北京所产的果脯称为京式果脯，是北京特产，中外闻名。北京的果脯、蜜饯制作来源于皇宫御膳房。当年，为了保证皇帝一年四季都能吃上新鲜果品，厨师们将各季节所产的水果，分类泡在蜂蜜里，好让皇帝随时食用。后来，这种制作方法从皇宫里传出来，北京就有了专门生产果脯的作坊。

北京果脯具有选料精、加工细、工艺水平高、色美、味正、柔软爽口的特点，而且保留了原有果品所含有的营养成分。北京果脯种类繁多，著名的传统产品有苹果脯、杏脯、梨脯、桃脯、太平果脯、青梅、山楂片、果丹皮等。果脯的制作，要经过去皮、取核、糖水煮制、浸泡、烘干和整理包装等主要工序。

京郊的果脯，生产历史悠久，为京郊传统特产。京郊果脯制作主要集中在昌平、怀柔、平谷、延庆等区县。京郊生产的果脯，块形完整，色泽透明，肉质丰富，质地柔软，酸甜可口，原果味浓，营养价值高。果脯中含量最多的是糖，其中转化糖占总糖量的50%以上，这种糖易为人体吸收利用。此外，还含有大量的果酸、矿物质及多种维生素。果脯生产采用先进的制作方法和工艺，使用高级玻璃纸或无毒聚乙烯包装，并进行严格检验。由于以高浓度的糖制成，因而各种微生物都难以在果脯中生存，产品也便于贮藏。京郊所产果脯是招待宾客、馈送亲友的佳品，还作为北京特产远销日本、马来西亚、新加坡、美国等20多个国家和地区。

自制果酱

草莓酱的做法

（1）挑好草莓，放淡盐水中泡20 min，取出用流动的水冲洗干净。

（2）草莓一切为二，用150 g砂糖拌匀腌制1 h，这时草莓已经软了。

（3）锅内放300 mL水、100 g冰糖，放入草莓，大火烧开转小火。

（4）煮至水面下降到开始的一半位置（大约需要40 min左右）。

（5）将2 g鱼胶粉用一大勺水搅匀，倒入锅内。

（6）继续煮10～15 min即可。

注意：

(1) 草莓要挑选没有伤疤的，用盐水泡好，彻底洗干净，熬果酱尽量用不锈钢的锅或者搪瓷锅。

(2) 煮好的果酱晾凉，放干净无水的瓶子中密封，冷藏保存。

(3) 没有鱼胶粉就不用加，稍微再熬稠一些，煮的时候多搅拌几次；有鱼胶粉不要把果酱煮得太稠，因为晾凉以后还要变得浓稠一些。

苹果酱的做法

(1) 将苹果洗净，去皮和芯，切成小块或薄片，浸泡于淡盐水中 10～15 min。

(2) 取来小汤锅，放入刚刚浸泡好的苹果，撒入一半量的白砂糖，再倒入少许清水，用中火煮至苹果软烂，呈透明状，中间别忘了时常搅拌一下。清水可以根据熬煮的情况随时添加。

(3) 苹果煮好后稍稍放凉，放入搅拌机，搅打成果泥、果酱状。

(4) 再将打好的果酱倒回锅中，加入另一半的白砂糖，再根据口味挤一些柠檬汁，继续边煮边搅拌。之后放入干净的容器，放入冰箱冷藏半天至一天即可。

注意：

(1) 选微微发酸的苹果来做，如果苹果没有酸味，可挤一些柠檬汁增加酸味。

(2) 白砂糖的量可控制在去皮和芯以后的苹果量的 1/2 或 1/3 左右。

学习情境五　蔬菜腌制品加工

工作任务　泡菜的制作

【情境描述】

泡菜用盐液与食用酸加以保存并添味，是蔬菜腌制品的一种。本次任务通过介绍蔬菜腌制的原理以及泡菜的制作工艺，要求学生了解蔬菜腌制品的种类及制作原理，并能够动手操作，掌握泡菜的腌制技能。

【作业质量要求】

（1）产品质量符合泡菜的质量标准。

（2）正确使用泡菜腌制所需实验设备。

（3）遵守操作规程，操作现场整洁。

（4）正确执行安全技术操作规程。

【学习目标】

（1）了解蔬菜腌制品的分类。

（2）掌握制作蔬菜腌制品的基本原理。

（3）掌握泡菜加工工艺。

【技能目标】

（1）熟悉泡菜加工的工艺流程，掌握泡菜加工技术。

（2）能够正确处理生产过程中的常见问题。

【所需设备、工具和材料】

（1）仪器、器皿：泡菜坛、不锈钢刀、案板、小布袋（用以包裹香料）等。

（2）原材：甘蓝、食盐、白糖、生姜、大料、花椒、干红辣椒、茴香、草果。

【相关知识】

蔬菜腌制在我国具有悠久的历史，而且是我国最普通的一种蔬菜加工方法，产品种类繁多，目前还没有统一的分类方法。按照原料与加工工艺不同将蔬菜腌制品分为四大类，即酸泡菜类、咸菜类、酱菜类与糖醋菜类。

一、蔬菜腌制过程中的生物化学变化

蔬菜腌制利用食盐的渗透作用、微生物的发酵作用、蛋白质的分解作用以及其他一系列的生物化学变化，使制品形成特定的色、香、味，并且在特定的条件下能长期保存。图

5-1所示是一些蔬菜腌制品。

（一）食盐的渗透作用

蔬菜由极小的细胞所组成。植物体细胞最外层是细胞膜，有通透性；次层是原生质膜，为半通透性，水分可以通过，而糖及盐则不能通过。因此，当细胞外环境浓度变化时，会有压差出现，水由细胞内向细胞外渗透甚至脱水，蔬菜活细胞失去活性，此时，调味料才渗入细胞内至整体各部，得到制成品。

食盐水溶液具有很高的渗透压力，蔬菜组织的细胞膜具有一定的选择透性，其渗透性强弱与细胞内外渗透压差的大小有关，也与细胞是否存活有关。细胞膜内外压差大，其渗透性就强；反之，渗透性就弱。活细胞膜的渗透性较死亡细胞膜的渗透性弱。

图5-1　蔬菜腌制品

蔬菜腌制时，加盐量一般为10%～13%。蔬菜加盐后进行搓揉，使蔬菜表层组织破裂，有利于细胞液的外渗而使食盐溶解。食盐溶解后，表现出渗透压，迫使细胞内的汁液渗出，细胞外的食盐也渗入细胞组织内部，直至内外压力趋于平衡。同时高浓度食盐的高渗透压逐渐使细胞死亡，增强细胞膜的渗透性。

蔬菜腌制过程中，其组织内部脱水的同时，部分营养物质也随同细胞液的渗出而被带到卤水中，从而影响了蔬菜腌制品品质。因此，蔬菜腌制前应将原料晾晒或烘制到一定程度，使腌制过程中没有菜汁流失，同时减少营养物质的损失。此外，食盐的脱水作用对提高腌制品的品质还有有利的一面：食盐使原料中水分大量流出，相应提高了可溶性固形物含量；脱水作用可以排除一些不良风味和黏性物质，增进产品的风味和透明度；糖分的渗出，有利于腌制过程中乳酸发酵的进行。

（二）微生物的发酵作用

蔬菜腌制过程中，主要有乳酸发酵、酒精发酵和醋酸发酵，这些发酵过程对提高腌制品品质是有利的。

1. 乳酸发酵

乳酸发酵在泡菜的制作过程中是主要的、优良的发酵过程，而在酱菜等的生产过程中是次要的发酵过程。乳酸发酵过程中乳酸菌将原料中的糖分分解成乳酸、乙醇及二氧化碳等产物，甚至还会产生乙酸。由于微生物的种类不同，乳酸发酵形成的产物也不同。根据产物的不同，乳酸发酵可分为正型乳酸发酵和异型乳酸发酵。

1）正型乳酸发酵

在微生物的作用下，一分子的葡萄糖转化为两分子乳酸的过程称为正型乳酸发酵。其总反应式如下：

$$C_6H_{12}O_6 \longrightarrow 2CH_3CHOHCOO + H$$

2）异型乳酸发酵

葡萄糖在微生物的作用下，除生成一分子的乳酸外，同时还有其他产物生成，这样的发酵过程称为异型乳酸发酵。微生物的种类与发酵条件不同，异型乳酸发酵的产物也不同。

2. 酒精发酵

酒精发酵是在厌氧的条件下，酒精酵母将蔬菜中的糖分解，生成乙醇和二氧化碳的过程。其总反应式如下：

$$C_6H_{12}O_6 \longrightarrow 2CH_3CH_2OH + 2CO_2$$

3. 醋酸发酵

醋酸发酵是在有氧的条件下，醋酸细菌将酒精氧化生成乙酸的过程。其总反应式如下：

$$2CH_3CH_2OH + 2O_2 \longrightarrow 2CH_3COOH + 2H_2O$$

极少量的醋酸不但无损于腌制品的品质，反而有利于提高腌制品的品质。例如，醋酸和乙醇在腌制及其后熟过程中生成酯，改善了产品的风味。但是过度的醋酸发酵，产酸过多，导致产品的风味不佳，因此腌制品要及时封口，避免过度的醋酸发酵。

总之，在蔬菜腌制过程中，不同制品所要求的微生物种类及其发酵程度不同，所以要控制微生物活动，使其向有利于腌制品品质提高的方面进行。例如，在泡菜制作时，需要利用乳酸发酵，但是加工咸菜或酱菜时，必须控制乳酸发酵，否则咸菜与酱菜类制品变酸就是产品已腐败的象征。

在腌制过程中若出现以下有害的发酵和腐败作用，制品品质会降低，甚至不能食用。

1. 丁酸发酵

由专性厌氧细菌丁酸菌引起，可将糖和乳酸发酵成为丁酸和二氧化碳及氢气。丁酸有不良气味，无保藏作用。

2. 不良的乳酸发酵

由乳酸杆菌分解糖成为有臭味的甲烷气体。

3. 细菌的腐败作用

腐败菌分解蛋白质及其他含氮物质，产生吲哚、甲基吲哚、硫化氢和胺等恶臭甚至有毒物质成分。

4. 有害酵母的作用

由好气性酵母引起的分解作用会使制品表面长膜生花，pH 值升高，造成其他微生物生长。另一些酵母菌会分解氨基酸成醇，同时放出臭气。

5. 好氧的旋生霉菌腐败

旋生霉菌多好氧且耐盐，不易除去，使制品品质下降。同时，这类微生物还能分泌果胶酶类，使产品失去脆性甚至变软腐烂。

（三）蛋白质的分解作用

各种蔬菜中含有的蛋白质总量不同，在腌制与后熟过程中，蔬菜中的蛋白质在微生物和原料中蛋白酶的作用下水解，逐渐被分解为多肽和氨基酸，氨基酸对腌制品的风味与色泽改善具有非常重要的意义。

二、影响蔬菜腌制过程中生物化学变化的因素

（一）食盐浓度

食盐浓度不仅影响产品的风味，而且影响腌制过程中微生物的活动，不同浓度的食盐对微生物活动的抑制效果不同。正是利用这一特性，不同的蔬菜腌制品需添加不同比例的食盐，使微生物活动以及其他生化反应朝着有利于提高产品质量的方面进行。例如，泡菜和糖醋菜加工时，食盐的浓度为6%～8%左右。

低浓度的食盐不能抑制微生物活动，但蔬菜腌制过程中，乳酸菌活性高，产酸快，乳酸与食盐配合就可抑制有害微生物的生长繁殖，从而延长了产品的保质期。咸菜与酱菜的含盐量应为8%～14%，当食盐浓度达到10%时，就可有效地抑制大肠杆菌、乳酸菌、丁酸菌活动，使咸菜和酱菜腌制过程中不会产酸过多而导致腐败。但是，高浓度的食盐对原料中的蛋白酶活性也有抑制作用，不利于原料中蛋白质的水解。为了克服这一缺点，通常采用分次加盐的方法，这样可以使腌制初期产酸菌活性高，并产生一定的酸，有利于提高蛋白酶的活性，促进原料中蛋白质的分解，提高产品的品质，缩短产品的后熟期。分次加盐的结果是使原料在腌制过程中，盐的浓度由低至高，最终利用高盐与一定的酸度配合，延长产品的保质期。

确定食盐的浓度是蔬菜腌制的一个重要问题，在加工不同的腌制品时需对食盐用量进行初步的预算。计算方法如下：

$$S = \frac{P(R + W)}{100 - P} \tag{5-1}$$

式中：S——100 kg原料应加入食盐的量，kg；

P——预定腌制品以及腌制液中食盐的浓度，%；

R——原料含水量，%；

W——腌制100 kg蔬菜所需加水量，kg。

（二）酸度

对蔬菜腌制有益的微生物（乳酸菌、醋酸菌）比较耐酸，而有害的微生物（除霉菌外），如丁酸菌和大肠杆菌，不耐酸，当介质的pH值为4.5时，它们都不同程度地受到抑制。为了抑制有害微生物的活动，生产上采用腌制初期提高酸度的办法。

pH值对原料中的蛋白酶与果胶酶的活性也有影响。pH值为4.0～5.5时，酸性蛋白酶的活性最强，而果胶酶的活性弱，所以腌制品的pH值在4.0～5.5时，对于保持脆性和改善制品的风味有利。

（三）气体成分

微生物的生长繁殖等活动与气体成分有密切的关系。蔬菜腌制过程中的主要发酵作用是乳酸发酵与酒精发酵，这两种发酵过程都是在厌氧条件下进行的，所以蔬菜腌制过程应提供无氧条件，以利于有益微生物的活动，并抑制有害的好氧微生物活动。咸菜类制品的腌制过程中，通过压紧菜块、原料浸没于液面下或密封坛口来提供缺氧条件，泡菜制品采用特制容器提供缺氧的条件。

蔬菜腌制过程中如果不能提供良好的无氧条件，就会导致有害的好氧微生物生长繁

殖，如霉菌、丁酸菌、酵母菌，特别是产膜酵母与酒花酵母的生长繁殖（这两种酵母不仅可以分解糖，同时还分解乳酸、醋酸与乙醇，并形成二氧化碳与水），从而导致腌制品的酸度下降，进一步导致其他不耐酸的有害微生物的生长繁殖。此外，酒花酵母使腌渍液及其制品表面形成乳白色有光泽的膜，产膜酵母或伪酵母使腌渍液或制品表面形成一层灰白色或乳白色且具有皱纹的膜，从而影响了制品的感官质量。

（四）温度

温度影响微生物的活动、食盐的渗透以及蛋白质的分解。不同的微生物有其不同的最适温度，乳酸菌的最适温度为26～30 ℃，实际生产过程中，在26～30 ℃条件下腌制蔬菜时，容易使腌制品腐败，所以通常在15～20 ℃的条件下腌制，并适当延长腌制时间，这样可有效预防腌制品的腐败，而且产品质量稳定，色泽、风味也较好。

温度影响蛋白酶的活性，在30～50 ℃时，蛋白酶的活性较高，有利于蛋白质的分解。温度对食盐的渗透也有影响，较高的温度可以促进食盐的渗透。

（五）原料组织状态与化学成分

原料组织状态与化学成分对食盐的渗透作用、微生物的发酵作用均有不同程度的影响。

1）组织状态

质地致密、体积大的原料，不利于食盐的渗透。为了加快食盐的渗透，通常采用切分、搓揉、重压等措施。

2）化学成分

原料中的含氮物质与糖是蔬菜腌制过程中微生物生长繁殖的物质基础。此外微生物活动可分解原料中的糖类物质，并形成乳酸、醋酸、乙醇等物质。因此，蔬菜中的含糖量不足，腌制时应加入适量的糖，以便促进发酵过程的进行，并形成有利于提高产品质量的产物。

三、蔬菜腌制过程中的色泽、风味与脆性变化

腌制品的色泽、风味与脆性是衡量腌制品质量的重要指标。腌制品的色泽、风味与脆性随腌制条件的变化而变化。为了使腌制品具有良好的色泽、风味与脆性，一方面要选料精细，配料科学；另一方面要采用合理的工艺及其参数，有效防止产品在腌制过程中的不良变化。

（一）色泽的变化

原料中的色素成分及其稳定性、腌制条件、配料等的不同，导致蔬菜色泽在腌制过程中发生不同的变化。蔬菜腌制过程中的色泽变化比较复杂，概括划分为以下几种类型。

1. 色素的变化

不同蔬菜含有不同的色素，不同色素的稳定性不同。腌制过程中，蔬菜色素发生变化，从而导致腌制品失去原料原有的色泽。绿色蔬菜中含有大量的叶绿素，叶绿素是蔬菜呈现绿色的主要色素。在蔬菜腌制过程中，由于微生物的发酵作用，蔬菜腌制的介质呈酸性，在酸性条件下，H^+置换了叶绿素中的Mg^{2+}，使叶绿素变为脱镁叶绿素，腌制的蔬菜

呈黄色。

有的蔬菜含有花青素，使蔬菜呈红色、紫色、蓝色等。花青素不稳定，原料中的花青素分解与氧化均使其失去原有色泽，而且在不同的条件下呈现不同的颜色，酸性条件下呈红色，中性条件下呈紫色，碱性条件下呈蓝色。

蔬菜中的类胡萝卜素、胡萝卜素和番茄红素比较稳定，所以在腌制过程中不易被破坏而变色。

2. 褐变

蔬菜腌制与后熟过程中发生酶促褐变与非酶褐变，导致腌制品呈黄褐色或黑褐色。对于某些腌制品如酱菜，褐变有利于改善产品色泽，而且长时间高温腌制，促进了褐变，使腌制品的色泽更深，同时腌制品的香气也更浓。而对于那些洁白、鲜嫩的腌制品，应尽可能地避免褐变的发生。

3. 吸附

外来色素酱油、酱、食醋、红糖是酱菜与糖醋菜的辅料，在酱菜与糖醋菜的腌制过程中，蔬菜组织细胞吸附了这些辅料中的色素与风味物质，使腌制品呈现某种颜色。此外，在某些制品的腌制过程中会添加某种食用色素，使其呈现相应的颜色。

（二）风味的变化

在蔬菜腌制过程中，其风味物质的变化非常复杂，而且目前的研究也不够深入。就其风味变化来讲，主要有鲜味与香味物质的形成以及异味的减弱与消失，这里简单对前者进行介绍。

1. 鲜味物质的形成

在腌制过程中，蔬菜中的蛋白质水解，生成多种氨基酸。氨基酸与食盐作用生成相应的氨基酸盐，其中谷氨酸钠与天门冬氨酸钠是腌制品鲜味的主体成分，其他氨基酸及其钠盐也能使腌制品的鲜味增强。此外，乳酸对腌制品也有助鲜作用。

2. 香味物质的形成

在蔬菜腌制过程中，以乳酸发酵为主，同时进行微弱的酒精发酵与醋酸发酵，这些发酵过程可生成乳酸、醋酸与乙醇，它们本身具有一定的香味，并且有机酸与乙醇发生酯化反应，生成具有芳香的酯类物质。以乳酸发酵为主的腌制品在乳酸发酵过程中，可生成具有芳香的双乙酰。

某些蔬菜中含有糖苷类物质，其具有不愉快的苦辣味，在腌制过程中，苷类物质也可以水解生成具有芳香的芥子油，同时苦辣味消失。

蔬菜腌制时可添加具有香味的调味料，腌制的蔬菜吸附了调味料的香气成分而呈现某种香味。

此外，蔬菜本身含有多种挥发油，如醇、酯、醛等，它们都具有特定的香味。

3. 脆性的变化

引起腌制品脆性变化的主要因素是果蔬组织细胞的膨压变化与果蔬组织中原果胶物质

的水解。细胞膨压大，则制品脆。在腌制过程中，蔬菜失水萎蔫，使细胞的膨压下降，则制品脆性下降，但在腌制过程中，由于盐溶液与细胞液间的渗透平衡，又恢复和保持了蔬菜组织细胞的膨压，因而不会造成腌制品脆性的显著降低。

原果胶存在于蔬菜组织细胞的中胶层，原果胶的胶凝性强，它与纤维素共同作用使组织细胞粘连在一起，使蔬菜及其腌制品表现出一定的脆性。

蔬菜腌制过程中，酸性条件或腌制品感染的霉菌分泌的果胶酶等均可引起果胶的降解，果胶的降解导致其失去胶凝特性，使腌制品的脆性下降。

【工作任务详述】

一、工作课时

本单元的理论课时为 8 课时，实践课时为 6 课时，共 14 课时。

二、工作过程

泡菜制作

泡菜种类非常多，根据其风味特征大体上可以分为 3 种：保持原有风味的一般泡菜；酸度较高者，通常称酸泡菜；具有甜味或淡甜味的甜泡菜。可以用来腌制泡菜的蔬菜很多，如萝卜、白菜、莴苣、竹笋、黄瓜、茄子、甜椒及嫩姜等。

（一）加工工艺流程

泡菜加工工艺流程如图 5－2 所示。

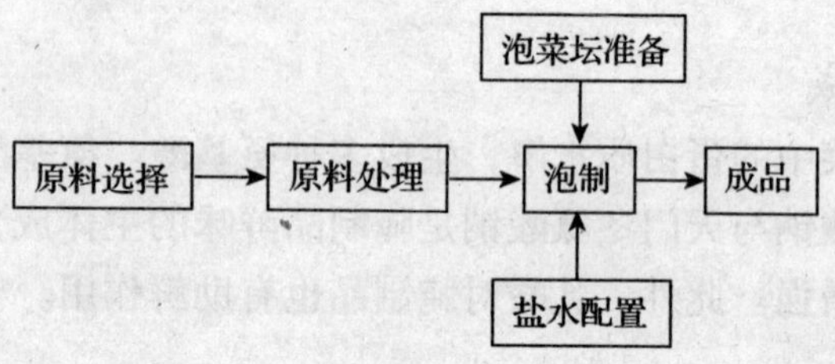

图 5－2　泡菜加工工艺流程

（二）操作要点

1. 原料选择

凡是组织紧密、质地脆嫩、肉质肥厚且在腌制过程中不易软化的新鲜蔬菜均可作为泡菜的原料。例如，大头菜、球茎甘蓝、胡萝卜、甘蓝、嫩黄瓜等均可作为泡菜原料。

2. 原料处理

新鲜原料充分洗涤后，将不宜食用的部分（老皮、粗筋、须根、老叶以及霉烂斑点）剔除，根据原料的体积大小决定是否切分，块形大且质地致密的蔬菜应适当切分，特别是大块的球茎类蔬菜应适当切分。清洗、切分的原料沥干表面水分后即可入坛泡制。

3. 盐水配制

盐水是泡菜腌制过程中微生物生长繁殖与发酵的介质，盐水对产品的质量有很大的影响，所以对配制盐水所用的水和盐都有一定的要求。井水、泉水或硬度较大的自来水均可用做配制泡菜用的盐水，因为硬水有利于保持泡菜成品的脆性。经处理的软水用做配制泡菜用的盐水时，需加入原料重0.05%的钙盐。池塘水、湖水与田间水不宜用做配制泡菜用的盐水。应选用苦味物质硫酸镁与硫酸钠含量少且氯化钠含量在99%以上的精盐。

盐水的含盐量为6%~8%，为了增进泡菜的品质，还可在盐水中加入2%的红糖、3%的红辣椒以及其他香辛料，香辛料应用纱布包装后置于盐水中。将水和各种配料一起放入锅内煮沸，冷却后备用。冷盐水中也可以加2.5%的白酒与2.5%的黄酒。

4. 泡菜坛及其准备

泡菜坛用陶土烧制而成，抗酸碱，耐盐。其口小肚大，距坛口6~15 cm处有一水槽，槽缘略低于坛口，坛口上放一小碟作为假盖，坛盖扣在水槽上。泡菜坛的大小规格不一，小的泡菜坛可容纳1~2 kg菜，大的可容纳几十千克菜。这种结构的泡菜容器能有效地将容器内外隔离，又能自动排气并在发酵过程中形成厌氧环境，这样不仅有利于乳酸发酵，而且可以防止外界杂菌的侵染。

泡菜坛在使用前必须清洗干净，如果泡菜坛内壁粘有油污，应用去污剂清洗干净，然后再用清水冲洗2~3次，倒置沥干坛内壁的水后备用。

5. 泡制与管理

将准备就绪的蔬菜装入泡菜坛内，装至半坛时，将香辛料包放入，再装蔬菜至坛口，用竹片将菜压住，以防腌渍的原料浮于盐水面上。随后注入配置好的冷盐水，要求盐水将原料淹没。首次腌制时，为了使发酵迅速，并缩短成熟时间，将新配置的冷盐水在注入泡菜坛前进行人工接入乳酸菌，或加入品质优良的陈泡菜汤。将假盖盖在坛口，坛盖扣在水槽上，并在水槽内注入清水或食盐溶液。最后将泡菜坛置于室内的阴凉处自然发酵。

泡菜的成熟期与原料种类、泡制时的气温有关。叶菜类的成熟期较短，块根、块茎类菜的成熟期较长，用新配制的盐水进行泡菜制作时，夏天需5~7 d，冬天需7~10 d。

泡菜的管理应贯穿成熟、取食以及贮藏等过程。

泡菜在发酵初期，坛内大量气体经水槽逸出，坛内逐渐形成无氧状态与一定的真空度，有时因气温变化影响大气压时，水槽中的水被吸入坛内而影响泡菜的品质。每次揭盖取食时，避免水槽中的水滴入坛内。为了安全起见，可在水槽中注入食盐水。这样水槽中的水不易被微生物感染，水槽中的水即使滴入坛内，也不会影响泡菜品质。要注意观察水槽中的水，水槽中的水少或没有水时就失去密封性，因此槽内水不足时，应及时补充，必要时进行换水，否则会破坏坛内的厌氧状态，外界有害的微生物就会侵入并生长繁殖，影响泡菜的品质，严重情况下会导致泡菜的腐败变质。

一般来说，泡菜成熟后最好及时取食，若泡菜量大，不能及时食用完，则应装满泡菜坛，并适量添加食盐，严密水封，不再揭盖，这样可较长期贮藏。但是不能贮藏太久，因为原料中的果胶在酸性条件下会发生水解，使制品失去脆性，而且长期贮藏会使产品乳酸含量太高，致使产品口感太酸，从而影响了泡菜的品质。只有质地紧实而耐久存的原料加工的泡菜才能长期保存。所以大量生产时，每坛内最好用一种原料泡制。家庭进行泡菜制作时，由于经常取食，又未及时添加新鲜原料，坛内留有的空间较大，残留有较多的空气，因此坛内泡菜汤表面形成一层白色膜状的微生物，即酒花酵母菌。该酵母是抗酸、耐盐的好气性微生物，可以分解乳酸，使泡菜的酸度降低，组织软化，甚至还会导致其他不耐酸的腐败微生物的生长，使泡菜品质变劣。

6. 成品

成品泡菜应清洁、卫生，保持蔬菜原有色泽，香气浓郁，组织细嫩，质地清脆，咸酸适度，略有甜味与鲜味，尚有蔬菜原有的特殊风味。

三、注意事项

泡菜腌制过程中有时会发生品质劣变，其主要表现是组织软化，有异味甚至腐臭味。组织软化的主要原因是：① 部分蔬菜经泡制后不宜长时间保存，否则会导致组织逐渐变软；② 经常取食，空气进入坛内，使坛内很难形成无氧状态，导致酒花酵母菌在泡菜盐水表面滋生，酒花酵母菌可使腌制品组织软化，严重的情况下会导致腌制品有异味。泡菜腐臭的主要的原因是取食时带入了油脂。另外，若原料与泡菜坛清洗不彻底，也容易导致腌制品劣变。

预防泡菜品质劣变的措施：① 进行泡制之前，将原料与泡菜坛清洗干净；② 不宜久存的泡菜应及时取食；③ 取食泡菜后应及时补充新的原料，充分排出坛内空气，同时严密水封，并经常检查；④ 若泡菜盐水表面已有酒花酵母菌膜产生，在泡菜坛内加入大蒜、洋葱、红萝卜或高度白酒，然后密封一段时间，则可有效地抑制酒花酵母菌的生长；⑤ 在泡菜的制作、成熟与取食过程中，切忌将油脂带入坛内，以防腐败微生物分解脂肪使泡菜腐臭。

【知识和技能考查】

一、填空题

1. 蔬菜腌制是利用食盐的渗透作用、微生物的________、蛋白质的分解作用以及其他一系列的生物化学变化，使制品形成特定的________，并且在特定的条件下能长期保存。

2. 植物体细胞最外层是________，有通透性；次层是________，为半通透性的，________可以通过，而糖及盐则不能通过。脱水使蔬菜活细胞失去________，此时，调味料才渗入细胞内至整体各部，得到成品。

3. 食盐水溶液具有很高的渗透压力，蔬菜组织的细胞膜具有一定的________，其渗透性强弱与细胞内外渗透压差的大小有关，也与细胞是否存活有关。细胞膜________压力差大，其渗透性就________；反之，渗透性就弱。活细胞膜的渗透性较死亡细胞膜的渗透性________。

4. 蔬菜腌制过程中，主要有________、________和________。这些发酵过程对提高腌制品品质是有利的。

5. 乳酸发酵在泡菜的制作过程中是________、________发酵过程，而在酱菜等的生产过程中是次要的发酵过程。乳酸发酵过程中乳酸菌将原料中的糖分分解成________、________及________等产物，甚至还会产生________。由于微生物的种类不同，乳酸发酵形成的产物也不同。根据产物的不同，乳酸发酵可分为________和________。

6. 有害的发酵及腐败作用主要有________、________、________、有害酵母的作用、________。

7. 各种蔬菜中含有的________不同，在腌制与后熟过程中，蔬菜中的蛋白质在微生物和原料中蛋白酶的作用下水解，逐渐被分解为________和________，氨基酸对腌制品的________与________改善具有非常重要的意义。

8. 食盐浓度不仅影响产品的风味，而且影响腌制过程中微生物的活动，不同________的食盐对微生物活动的抑制效果不同。

9. 对蔬菜腌制有益的微生物（________、________）比较耐酸，而有害的微生物（除霉菌外），如丁酸菌和大肠杆菌，不耐酸，当介质的 pH 值为________时，它们都不同程度地受到抑制。

10. 微生物的________等活动与________有密切的关系。蔬菜腌制过程中的主要发酵作用是乳酸发酵与酒精发酵，这两种发酵过程都是在________条件下进行的。

11. ________影响微生物的活动、食盐的渗透以及蛋白质的分解。不同的微生物有其不同的最适温度，乳酸菌的最适温度为________，实际生产过程中，在________条件下腌制蔬菜时，容易使腌制品________，所以通常在 15 ~ 20 ℃的条件下腌制。

12. 原料________与化学成分对________的渗透作用、微生物的发酵作用均有不同程度的影响。

13. 腌制品的________、________与________是衡量腌制品质量的重要指标。腌制品的色泽、风味与脆性随腌制条件的变化而变化。为了使腌制品具有良好的色泽、风味与脆性，一方面要选料精细，配料科学；另一方面要采用合理的________，有效防止产品在腌制过程中的不良变化。

14. 原料中的色素成分及其稳定性、________、________等的不同，导致蔬菜色泽在腌制过程中发生不同的变化。

15. 蔬菜腌制与后熟过程中发生________与________，导致腌制品呈黄褐色或黑褐色。对于某些腌制品如酱菜，褐变有利于改善________，而且长时间高温腌制，促进了褐变，使腌制品的色泽更深。

16. 在蔬菜腌制过程中，以________为主，同时进行微弱的________与________，这些发酵过程可生成乳酸、醋酸与乙醇，它们本身具有一定的________，并且有机酸与乙醇发生酯化反应，生成具有芳香的________。以________为主的腌制品在乳酸发酵过程中，可生成具有芳香的双乙酰。

17. 新鲜原料充分洗涤后，将不宜食用的部分（________、________、________、老叶及霉烂斑点）剔除，根据原料的体积大小决定是否________，块形大且________的蔬菜应适当切分。

18. 盐水的含盐量为 6% ~ 8%，为了增进泡菜的品质，还可在盐水中加入 2% 的________、3% 的________以及其他香辛料，香辛料应用纱布包装后置于盐水中。

19. 泡菜坛用________烧制而成，________，________。其口小肚大，距坛口 6 ~ 15 cm 处有一水槽，槽缘略低于坛口，坛口上放一小碟作为________，坛盖扣在水槽上。

20. 泡菜坛在使用前必须清洗干净，如果泡菜坛内壁粘有________，应用去污剂清洗干净，然后再用清水冲洗________，倒置沥干坛内壁的水后备用。

21. 在泡菜的________、________、________过程中，切忌将油脂带入坛内，以防腐败微生物分解脂肪使泡菜腐臭。

22. 成品泡菜应清洁、卫生，保持蔬菜________，________，组织细嫩，质地清脆，咸酸适度，略有甜味与鲜味，尚有蔬菜原有的特殊风味。

二、名词解释

1. 乳酸发酵　2. 正型乳酸发酵　3. 异型乳酸发酵　4. 丁酸发酵

三、简答题

1. 蔬菜腌制品有哪几类？
2. 食盐渗透作用的机理是什么？
3. 简述微生物的发酵作用。
4. 影响乳酸发酵的因素有哪些？
5. 酒精发酵的总反应式是什么？
6. 醋酸发酵的总反应式是什么？
7. 影响蔬菜腌制过程中生物化学变化的因素有哪些？
8. 蔬菜腌制过程中的色泽、风味与脆性变化有哪些？
9. 如何保持蔬菜腌制品的色、香、味及脆性？
10. 蔬菜腌制过程的操作要点有哪些？
11. 简述泡制用水的硬度对成品质量的影响。
12. 简述泡菜腌制过程中品质劣变的原因与预防措施。

四、技能题

学生分组进行讨论，谈谈在家中是否制作过泡菜等腌制品，回忆是如何完成的。规定各组将制作腌制品的设计方案，通过课程学习，查阅资料，确定加工工艺流程，选取加工设备、仪器、器皿，购置原材等。各组之间对制成的腌制品进行比较、品尝和评价，相互学习，修改各组的工艺，完成实训报告。

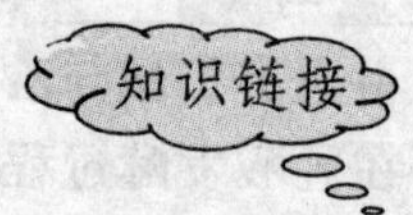

如何腌制咸菜

1. 选好腌制原料

腌制咸菜的原料，一要新鲜，如果蔬菜放置一段时间，就会随着水分的消失而消耗掉一定的营养，发生老化现象；二要无杂菌感染，符合卫生要求；三是不是任何蔬菜都适于腌制咸菜。有些蔬菜含水分很多，怕挤怕压，易腐易烂，如熟透的番茄就不宜腌制。有一些蔬菜含有大量纤维质，如韭菜，一经腌制榨出水分，只剩下粗纤维，无多少营养，吃起来又无味道。还有一些蔬菜吃法单一，如生菜，适于生食或做汤菜，炒食、炖食不佳，也不宜腌制。因此，腌制咸菜，要选择那些耐贮藏，不怕压、挤，肉质坚实的品种，如白菜、萝卜等。

腌咸菜不论整棵、整个或加工切丝、条、块、片，都要形状整齐，大小、薄厚基本匀称。

2. 准确掌握食盐的用量

食盐是腌制咸菜的基本辅助原料。食盐用量是否合适，是能否按标准腌成各种口味咸菜的关键。腌制咸菜用盐量的基本标准，最高不能超过蔬菜重量的25%（如腌制100 kg蔬菜，用盐最多不能超过25 kg）；最低用盐量不能低于蔬菜重量的10%（快速腌制咸菜除外）。腌制果菜、根茎菜，用盐量一般高于腌制叶菜的用量。

3. 按时倒缸

倒缸是腌制咸菜过程中必不可少的工序。倒缸就是将腌器里的咸菜上下翻倒。这样可使蔬菜不断散热，受热均匀，并可保持蔬菜原有的颜色。

4. 蔬菜腌制工具的选择

腌制咸菜要注意使用合适的工具，特别是容器的选择尤为重要。它关系到咸菜的质量。

腌制数量大、保存时间长的，一般用缸腌。腌制半干咸菜，如香辣萝卜干、大头菜等，一般应用坛腌，因坛子肚大口小，便于密封。腌制数量极少，时间短的咸菜，也可用小盆、盖碗等。腌器一般用陶瓷器皿为好，切忌使用金属制品。

酱腌咸菜，一般要把原料菜切成片、块、条、丝等，才便于酱腌浸入菜的组织内部。如果将鲜菜整个酱腌，不仅腌期长，又不易腌透。因此，将菜切成较小形状，装入布袋再投入酱中，酱对布袋形成压力，可加速腌制品的成熟。布袋最好选用粗沙布缝制，使酱腌易于浸入；布袋的大小，可根据腌器大小和咸菜数量多少而定，一般以装2.5 kg咸菜为宜。

制酱和酱腌菜都需要经常打耙，就是用酱耙将酱腌菜上下翻动。木质酱耙轻，有浮力，放于酱缸内不怕食盐腐蚀，也没有异味，符合卫生条件。

另外，腌菜还需要笊篱、叉子等工具，可以根据需要，灵活选择。

5. 咸菜的腌制温度及贮存场所

咸菜的温度一般不能超过20 ℃，否则，咸菜很快腐烂，变质、变味。在冬季要保持一定的温度，一般不得低于－5 ℃，最好在2～3 ℃，否则，温度过低咸菜受冻，也会变质、变味。

贮存腌菜的场所要阴凉通风。蔬菜腌制之后，除必须密封发酵的咸菜以外，在腌制初期，腌器必须敞盖，同时要将腌器置于阴凉通风的地方，以利于散发咸菜生成的热量。腌后的咸菜不要太阳曝晒。

咸菜发生腐烂、变质，多数是由于咸菜贮藏的地方不合要求，温度过高，空气不流通，蔬菜的呼吸热不能及时散发所造成的。因此要按上述要求制作和贮存咸菜。

6. 腌制品和器具的卫生

咸菜，特别是酱腌菜的卫生状况，直接影响人体的健康。因此，必须注意和保持咸菜和器具的清洁卫生。

1）腌制前的蔬菜要处理干净

蔬菜本身有一些对人体有害的细菌和有毒的化学农药。所以腌制前一定要把蔬菜彻底清洗干净，有些蔬菜洗净后还需要晾晒，利用紫外线杀死蔬菜中的各种有害菌。

2）严格掌握食品添加剂的用量

食品添加剂是食品生产、加工、保藏等过程中所加入的少量化学合成物质或天然物质，如色素、糖精、防腐剂和香料等。这些物质具有防止食品腐败变质、增强食品感官性状或提高食品质量的作用。但有些食品添加剂具有微量毒素，放多了有害，必须按照标准严格掌握用量。

按国家标准，苋菜红、胭脂红最大使用量为每千克食品、腌品不得超过0.05 g；柠檬黄、靛蓝为每千克食品、腌品不得超过0.5 g；防腐剂在酱菜中最大使用量为每千克不得超过0.5 g；糖精最大使用量为每千克食品、腌品不得超过0.15 g。

3）腌菜的器具要干净

一般家庭腌菜的缸、坛，多是半年用半年闲。因此，使用时一定要刷洗干净，除掉灰尘和油污，洗过的器具最好放在阳光下晒半天，以防止细菌繁殖影响腌品的质量。

学习情境六　果蔬干制品加工

工作任务　自然干制品、人工干制品加工

【情境描述】

完成果蔬自然干制品、人工干制品加工。

【作业质量要求】

（1）掌握干制品对原料的要求，满足相关质量及卫生要求。

（2）掌握果蔬干制的工艺流程及操作要点。

（3）自然干制要求选取新疆特产葡萄为加工原料，要求准确把握时间。

【学习目标】

理解果蔬干制的原理及果蔬干制品的质量要求，熟练掌握果蔬干制的工艺流程及操作要点。

【技能目标】

正确理解果蔬干制的原理：果蔬原料处理后，在加热条件下脱水，降低原料的含水量和水分活度，有效抑制微生物的生长繁殖，延长制品的保质期。通过学习，理解各工艺过程对干制品的品质影响。

【所需设备、工具和材料】

（1）仪器、器皿：洗涤槽或洗涤用的塑料盆、不锈钢小刀、案板、不锈钢菜刀、托盘天平、500 mL 量筒、台秤、烘箱、晒盘。

（2）试剂：氢氧化钠、亚硫酸氢钠、食盐。

（3）原材：鲜葡萄、苹果。

【相关知识】

果蔬干制是指脱出一定水分，而将可溶性物质的浓度提高到微生物难以利用的程度，同时保持果蔬原来风味的果蔬加工方法，制品是果干或菜干，图 6－1 是一些果蔬干制品。果蔬干制，目的在于将果蔬中的水分减少，而将可溶性物质的浓度提高到微生物难以利用的程度，同时，果蔬中所含酶的活性也受到抑制，从而使产品能够长期保存。

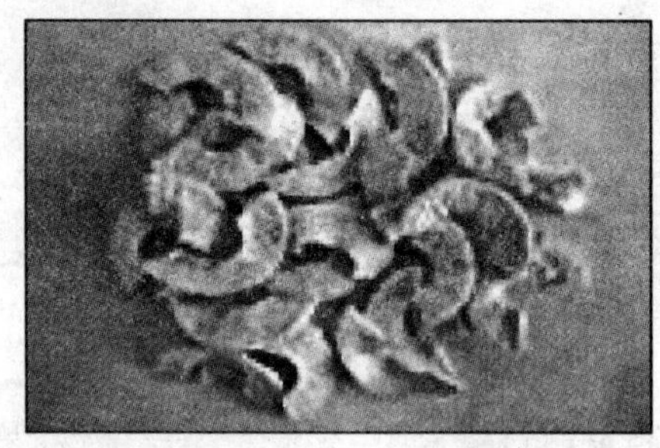

图6-1 果蔬干制品

果蔬干制在我国历史悠久，源远流长。古代人们利用日晒进行自然干制，大大延长了果蔬的保藏期限。随着社会的进步和科技的发展，人工干制技术也有了较大的发展，技术、设备、工艺都日趋完善。但自然干制仍有用武之地，特别是我国地域广，经济发展不平衡，因而自然干制在近期仍占重要地位。例如，在甘肃、新疆，由于气候干燥，葡萄干的生产采用自然干制法，不仅质量好，而且成本低。还有一些落后山区至今仍用自然干制法进行野菜干制。

果蔬干制是一种既经济而又大众化的加工方法，其优点如下。

(1) 干制设备可简可繁，可就地取材，当地加工，简易的生产技术较易掌握，生产成本比较低廉。

(2) 干制品水分含量少，有良好的包装，容易保存，而且体积小、重量轻、携带方便，较易运输贮藏。

(3) 由于干制技术的提高，干制品质量显著改进，食用相对方便。

(4) 可以调节果蔬生产淡旺季，有利于解决果蔬周年供应问题。

因此，果蔬干制品对于勘测、航海、旅游、军需等方面都具有重要意义。

一、果蔬中的水分及干燥

(一) 果蔬组织内部的水分状态

果蔬的含水量很高，一般为70% ~90%，通常以游离水、胶体结合水和化合水3种不同的状态存在。

果蔬中的水分，还可根据干燥过程中可被除去与否而分为平衡水分和自由水分两种形式。在一定温度和湿度的干燥介质中，物料经过一段时间的干燥后，其水分含量将稳定在一定数值，并不会因干燥时间延长而发生变化。这时，果蔬组织所含的水分为该干燥介质条件下的平衡水分或平衡湿度。这一平衡水分就是果蔬在这一干燥介质条件下可以干燥的极限。在干燥过程中被除去的水分，是果蔬所含的大于平衡水分的部分，这部分水分即为自由水分。自由水分主要是果蔬中的游离水，也有很少一部分胶体结合水。

(二) 水分活度

水分活度又叫“水分活性”，是溶液中水的蒸汽压与同温度下纯水的蒸汽压之比。

果蔬脱水是为了保藏，果蔬的保藏不仅和水分含量有关，与果蔬中水分的状态也有关。水溶液与纯水的性质是不同的，在纯水中加入溶质后，溶液分子间引力增加，沸点上升，冰点下降，蒸汽压下降，水的流速降低。游离水中的糖类、盐类等可溶性物质多了，溶液浓度增大，渗透压增高，造成微生物细胞壁分离而死亡，因而可通过降低水分活度，抑制微生物的生长，保存食品。虽然食品有一定的含水量，但由于水分活度低，微生物不能利用。如是不含任何物质的纯水，$A_w=1$；如食品中没有水分，水的蒸汽压为0，$A_w=0$。A_w 值高到一定值时，酶的活性才能被激活，并随着 A_w 值增高，酶的活性增强。A_w 为0.2时脂肪氧化反应速度最低，A_w 值太大时叶绿素变成脱镁叶绿素，蔗糖水解，花青素被破坏，维生素C、维生素B损失速度加快。

表6-1为食品中重要微生物类群生长最低 A_w 值。A_w 值对食品保藏极为重要，为食品水分的研制及通过控制 A_w 值达到免杀菌而保存食品提供了科学的依据和途径。

表6-1　食品中重要微生物类群生长最低 A_w 值

微生物	生长所需要的最低 A_w	微生物	生长所需要的最低 A_w
普通细菌	0.90	嗜盐细菌	小于0.75
普通酵母	0.87	耐干燥细菌	0.65
普通霉菌	0.80	耐渗透细菌	0.61

（三）果蔬干燥机理

果蔬在干制过程中，水分的蒸发主要依赖两种作用，即水分外扩散作用和内扩散作用。果蔬干制时所需除去的水分，是游离水和部分胶体结合水。由于果蔬中的水分大部分为游离水，所以蒸发时，水分从原料表面蒸发得快，称为"水分外扩散"（水分转移是由多的部位向少的部位移动），蒸发40%～50%后，其干燥速度依原料内部水分转移速度而定。干燥时原料内部水分转移，称为"水分内扩散"。外扩散造成原料表面和内部水分之间的蒸汽分压差，水分由内部向表面移动，以求原料各部分平衡。此时，开始蒸发胶体结合水，因此，干制后期蒸发速度明显减缓。另外，在原料干燥时，因各部分温差发生与水分内扩散方向相反的水分的热扩散，其方向从较热处移向不太热的部分，即由四周移向中央。但因干制时内外层温差甚微，热扩散作用进行得较少，主要是水分从内层移向外层的作用。如水分外扩散远远超过内扩散，则原料表面会过度干燥而形成硬壳，降低制品的品质，阻碍水分的继续蒸发。这时由于内部水分含量高，蒸汽压力大，原料较软部分的组织往往会被压破，使原料发生开裂现象。干制品含水量达到平衡水分状态时，水分的蒸发作用就看不出来了，同时原料的品温与外界干燥空气的温度相等。

干燥过程可分为两个阶段，即恒速干燥阶段和降速干燥阶段。在两个阶段交界点的水分称为临界水分，这是每一种原料在一定干燥条件下的特性。

在干燥后期，干燥的热空气使原料的品温上升得较快，当原料表面和内部水分达到平衡状态时，原料的温度与空气的干球温度相等，水分的蒸发作用停止，干燥过程结束。

（四）影响果蔬干燥速度的因素

干燥速度的快慢，对果蔬干制品的品质好坏起着决定性作用。在其他条件相同的情况下，干燥越快，越不容易发生不良变化，成品的品质也就越好。总的来说，干燥速度与下列因素有关。

1. 干燥介质的温度

果蔬的干燥是把预热的空气作为干燥介质。空气有两个作用，一是向原料传热，原料吸热后使空气所含水分汽化；二是把原料汽化水气带到室外。要使原料干燥，就必须持续不断地提高干空气的温度，温度升高，空气的湿度饱和差随之增加，达到饱和所需蒸汽越多，空气湿度越高。温度低，干燥速度慢，空气湿度也就低。空气相对湿度每降低10%，饱和差增加100%。所以升高温度同时降低相对湿度是提高果蔬干制速度的最有效方法。

果蔬干制时，尤其在干制初期，一般不宜采用过高的温度，否则会产生以下不良现象。

（1）果蔬含水量很高，骤然和干燥的热空气相遇，组织中的汁液会迅速膨胀，易使细胞壁破裂，导致内容物流失。

（2）原料中的糖分和其他有机物因高温而分解或焦化，有损成品外观和风味。

（3）高温低湿易造成原料表面结壳，从而影响水分的散发。

因此，在干燥过程中，要控制干燥介质的温度使其稍低于致使果蔬变质的温度，尤其对于富含糖分和芳香物质的原料，应特别注意。

2. 干燥介质的湿度

在一定温度下，相对湿度越小，空气的饱和差越大，果蔬干燥速度越快。以红枣为例，在干制后期，分别放在同为60 ℃但相对湿度不同的烘房中。一个烘房湿度为65%，红枣干制后含水量是47.2%；另一个烘房湿度为56%，红枣干制后含水量则为34.1%。再如，甘蓝干燥后期相对湿度30%，最终含水量为8.0%；在相对湿度8%～10%的条件下，干甘蓝含水量为1.6%。

3. 气流循环的速度

干燥空气的流动速度越快，果蔬表面的水分蒸发也越快；反之，则越慢。据测定，风速在3 m/s以下的范围内，水分蒸发速度与风速大体成正比例。

4. 大气压力或真空度

大气压力为1.013×10^5 Pa（1个大气压）时，水的沸点为100 ℃。若大气压下降，则水的沸点也下降。气压越低，沸点也越低。若温度不变，气压降低，则水的沸腾加剧。因而，在真空室内加热干制时，就可以在较低的温度下进行。如采取与正常大气压下相同的加热温度，则将加速食品的水分蒸发，还能使干制品具有疏松的结构。云南昆明的多味瓜子质地松脆，就是因为是在隧道式负压下干制机内干制而成的。对热敏性食品采用低温真空干燥，可保证其产品具有良好的品质。

5. 果蔬的种类和状态

果蔬的种类不同，其所含化学成分及组织结构也有差异，因而干燥速度也不相同。例如，采用同样的烘干方法，河南灵宝产的泡枣，由于组织比较疏松，经24 h即可达到干燥；而陕西大荔县产的疙瘩枣则需36 h才能达到干燥。此外，原料切分与否以及切块大小、厚薄不同，干燥速度也不一样。切分越薄，表面积越大，干燥速度就越快。

6. 原料的装载量

烘房单位面积上装载的原料量，对于果蔬的干燥速度也有很大影响。烘盘上原料装载量大，则厚度大，不利于空气流通，从而影响水分蒸发。

二、果蔬在干燥过程中的变化

（一）体积、重量的变化

果品蔬菜干制后，体积和重量明显减小。一般体积为原料的 20% ~35%，重量为原料的 10% ~30%。

（二）色泽的变化

果蔬在干燥过程中色泽的变化包括 3 种情况：一是果蔬中色素物质的变化；二是褐变（酶褐变和非酶褐变）引起的颜色变化；三是透明度的改变。

1. 色素物质的变化

果蔬中所含的色素，主要是叶绿素（绿色）、类胡萝卜素（红、黄色）、黄酮素（黄或无色）、花青素（红、青、紫色）、叶黄素等。绿色果品蔬菜在加工处理时，与叶绿素共存的蛋白质受热凝固，使叶绿素游离于植物体中，并处于酸性条件下，这样就加速了叶绿素变为脱镁叶绿素，从而使其失去鲜绿色而形成褐色。将绿色蔬菜在干制前用 60 ~75 ℃的热水烫漂，可保持其鲜绿色。但在加热达到叶绿素沸点时，叶绿素容易被氧化。将绿色蔬菜放在水中，经高温真空处理数分钟除去组织中的氧后，再经过烫漂，可使其绿色保持较好。烫漂用水最好呈微碱性，以减少脱镁叶绿素的形成，保持果蔬鲜艳的绿色。用稀醋酸铜或醋酸锌溶液处理，能较好地保持其绿色，但铜的含量要控制在食品卫生许可的范围内。叶绿素在低温和干燥条件下也比较稳定。因此，低温贮藏和脱水干燥的果蔬都能较好地保持其鲜绿色。花青素在长时间高温处理下，也会发生变化。如茄子的果皮含花青素，经氧化后会变成褐色；与铁、铝等离子结合后，可形成稳定的青紫色络合物；硫处理会促使花青素褪色而漂白；花青素在不同的 pH 值中会呈现出不同颜色。花青素为水溶性色素，在洗涤、预煮过程中会大量流失。

2. 褐变

果蔬在干燥过程中，常出现颜色变黄、变褐甚至变黑的现象，一般称为“褐变”。按产生原因的不同，褐变分为酶褐变和非酶褐变。

1）酶褐变

在氧化酶和过氧化物酶的作用下，果蔬中的单宁氧化呈现褐色，如苹果、香蕉等在去皮后的变化。

单宁是果蔬褐变的基质之一，其含量因原料的种类、品种及成熟度不同而异。就果实而言，一般未成熟的果实单宁含量远多于同品种的成熟果实。因此，在果品干制时，应选择含单宁少而成熟的原料。

单宁中含有儿茶酚。这种酚类物质在氧化酶的催化下与空气中的氧相互作用，形成过氧儿茶酚，使空气中氧分子活化。可见要防止褐变，就应从果蔬中单宁含量，氧化酶、过氧化物酶的活性，氧气的供应等方面考虑。如果控制其中之一，则由单宁所引起的氧化变色即可受到抑制，获得良好的护色效果。

单宁氧化是在氧化酶和过氧化酶构成的氧化酶系统中完成的，只要破坏氧化酶系统的一部分，即可终止氧化作用的进行。酶是一种蛋白质，在一定温度下可凝固变性而失去活性。酶的种类不同，其耐热能力也有差异。氧化酶在71～73.5 ℃，过氧化物酶在90～100 ℃的温度下，5 min 即可遭到破坏。因此，干制前，采用沸水或蒸汽进行热处理、硫处理，都可因破坏了酶的活性而抑制褐变。

此外，果蔬中还含有蛋白质，组成蛋白质的氨基酸，尤其是酪氨酸在酪氨酸酶的催化下会产生黑色素，使产品如马铃薯变黑。

2）非酶褐变

不属于酶的作用所引起的褐变均属于非酶褐变。

非酶褐变的原因之一是果蔬中氨基酸游离基和糖的醛基作用生成复杂的络合物。氨基酸可与含有羰基的化合物如各种醛类和还原糖起反应，使氨基酸和还原糖分解，分别形成相应的醛、氨、二氧化碳和羟基呋喃甲醛，其中，羟基呋喃甲醛很容易与氨基酸及蛋白质化合生成黑蛋白素。这种褐变的快慢程度取决于氨基酸的含量与种类、糖的种类以及温度条件。

黑蛋白素的形成与氨基酸含量的多少呈正相关。例如，苹果干在贮藏时比杏干褐变程度轻而慢，主要由于苹果干中氨基酸含量较杏干少；富含氨基酸（0.14%）的葡萄汁比氨基酸含量较少（0.034%）的苹果汁褐变迅速而强烈。在各种氨基酸中，以赖氨酸、胱氨酸及苏氨酸等对糖的反应较强。

糖类中，参与黑蛋白素的形成反应的只是还原糖，即具有醛基的糖。蔗糖无醛基，因此不参与反应。据研究，糖对褐变影响的大小顺序是：五碳糖约为六碳糖的10倍；五碳糖中核糖最快，其次是阿拉伯糖，木糖最慢；六碳糖中半乳糖比甘露糖快，其次为葡萄糖；还原性双糖，则因其分子比较大，反应比较缓慢。其他羰基化合物中以α-已烯醛褐变最快，其次是α-双羰基化合物，酮的褐变速度最慢。抗坏血酸属于还原酮类，其结构中有烯二醇，还原力较强，在空气中易被氧化而生成α-双羰基化合物，故易于褐变。

黑蛋白素的形成与温度关系极大，提高温度能促使氨基酸和糖形成黑蛋白素的反应加强。实验表明，非酶褐变的温度系数很高，温度上升10 ℃，褐变率即增加5～7倍，因此，低温贮藏干制品是控制非酶褐变的有效方法。

此外，重金属也会促进褐变，重金属按促进褐变作用由小到大的顺序排列为：锡、铁、铅、铜。单宁与铁生成黑色的化合物。单宁与锡长时间加热生成玫瑰色的化合物。单宁与碱作用容易变黑。硫处理对非酶褐变有抑制作用，因为二氧化硫与不饱和的糖反应可形成磺酸，从而减少黑蛋白素的形成。

3. 透明度的变化

新鲜果蔬细胞间隙中的空气在干制时受热被排除，使干制品呈半透明状态。干制品的透明度取决于果蔬中气体被排除的程度。气体越多，制品越不透明；反之，则越透明。干制品越透明，质量越高，这不只是因为透明度高的干制品外观好，而且由于其空气含量少，可减少氧化作用，加强制品的耐贮藏性。

（三）营养成分的变化

果蔬干燥过程中，营养成分的变化虽因干燥方式和处理方法的不同而有差异，但总地来说，水分减少较多，糖分和维生素损失较多，矿物质和蛋白质则较稳定。

1. 水分的变化

由于果蔬在干制过程中水分大量蒸发，干制结束后，水分含量发生了很大变化。一般水分含量按湿重所占的百分数表示。但在干燥过程中，原料重量及含水量均在变化，用湿重的百分数不能说明干燥速度。为了表示水分减少的情况或干燥进行的速度，宜采用水分率表示。水分率就是一份干物质所含有水分的份数。干燥时，果蔬中的干物质是不变的，只有水分在变化。因此，在干燥过程中，一份干物质中所含有水分的份数逐渐减少，可明显地表示水分的变化。

2. 糖分的变化

糖普遍存在于果品和部分蔬菜中，是甜味的主要来源。它的变化直接影响到果蔬干制品的质量。

果蔬中所含果糖和葡萄糖均不稳定，易于分解。因此，自然干制的果蔬，因干燥缓慢，酶的活性不能很快被抑制，呼吸作用仍要进行一段时间，从而要消耗一部分糖分和其他有机物。干制时间越长，糖分损失越多，干制品的质量越差，重量也越轻。

人工干制果蔬，虽然能很快抑制酶的活性和呼吸作用，干制时间又短，可减少糖分的损失，但所采用的温度和时间对糖分也有很大的影响。一般来说，糖分的损失随温度的升高和时间的延长而增加，温度过高时糖分焦化，颜色变深褐直至呈黑色，味道变苦。褐变的程度与温度及糖分含量成正比。

3. 维生素的变化

果品蔬菜中含有多种维生素，其中维生素 C（抗坏血酸）和维生素 A 原（胡萝卜素）对人体健康尤为重要。维生素 C 很容易被氧化破坏，因此在干燥加工时，要特别注意提高维生素 C 的保存率。

维生素 C 被破坏的程度除与干制环境中的氧含量和温度有关外，还与抗坏血酸酶的活性和含量有关。氧化与高温的共同影响，往往可能使维生素 C 被全部破坏，但在缺氧加热的情况下，却可以大量保存。此外，维生素 C 在阳光照射下和碱性环境中也易遭受破坏，但在酸性溶液或者浓度较高的糖液中则较稳定。因此，干燥时对原料的处理方法不同，维生素 C 的保存率也不同。

另外，维生素 A_1 和 A_2 在干燥加工中不及维生素 B_1（核黄素）、B_2（硫胺素）和尼克酸稳定，容易受高温影响而损失。而某些热带果实中的 β-胡萝卜素经熏硫和干燥后却变化不大。

三、果蔬干制对原料的要求

果蔬原料品质的好坏对干制品的出品率和质量影响很大，因此必须对果蔬原料进行精心选择。干制原料的基本要求是：干物质含量高，风味、色泽好，不易褐变，可食部分比例大，肉质致密，粗纤维少，成熟度适宜，新鲜完整。但不同果蔬干制原料的差异较大，现列举几种常见果蔬干制原料的要求及适宜干制的品种。

苹果：大小中等，肉质致密，皮薄心小，单宁含量少，干物质含量高，充分成熟。适宜干制的品种有大国光、小国光、金帅、金冠、红星等。

梨：肉质细致，含糖量高，香气浓郁，石细胞少，果心小。适宜干制的品种有巴梨、茌梨、茄梨等。

桃：果形大，离核，含糖量高，纤维素少，肉质紧密，少汁。果皮部稍变软时采收。适宜干制的品种有沙子早生、京玉、大九保等。

杏：果大色深，含糖量高，水分少，纤维少，充分成熟，有香气。适宜干制的品种有河南荥阳大梅，河北老爷脸、铁叭哒，新疆克孜尔苦曼提等。

龙眼：果大，圆整，肉厚，核小，干物质或含糖量高，果皮厚薄中等（过薄则易凹陷或破碎，干制后皮肉不相脱离），干制后果肉质地干脆，果肉耐煮制。适宜干制的品种有大元、元枝、乌头岭、油潭本、普明庵等。

荔枝：基本要求与龙眼相同。适宜干制的品种有糯米糍、槐枝等。

葡萄：皮薄，肉质柔软，含糖量20%以上，无核，充分成熟。适宜干制的品种有无核白、秋马奶子等。

柿子：果形大，圆形，无沟纹，肉质致密，含糖量高，核小或无核，果实充分成熟，色变红但肉坚实而不软。适宜干制的品种有河南荥阳水柿、山东菏泽镜面柿、陕西牛心柿和尖柿等。

枣：果形大（优良小枣品种也可），皮薄，肉质肥厚致密，含糖量高，粒小。适宜干制的品种有山东东陵金丝小枣、浙江义乌大枣、山西稷山板枣、河南新郑灰枣、四川糖枣和鸡心枣、长红枣等。

甘蓝：结球大，紧密，皱叶，心部小，干物质含量不低于9%，糖分不少于4.5%。干制后复水率高（5～8倍）。黄绿色，大、小平头种类最好，白色种次之，尖头种不适宜。丹麦圆球、光荣、皱叶等品种适于干制。

萝卜：要求个儿大，干物质含量高（不低于5%），糖分高，皮肉洁白，组织致密，粗纤维少，辣味淡的品种，白色红心种不适合干制。适宜干制的品种有北京露八分、浙江干曝萝卜、湖南白萝卜等。

马铃薯：要求块茎大，圆形或椭圆形，无疮痂和其他疣状物，表皮薄，芽眼浅而少，修整损耗率低（不超过30%），肉色白或淡黄，干物质含量高（不低于21%，其中淀粉含量不超过18%）。干制后复水率不低于3倍。适宜干制的品种有白玫瑰、青山、卵圆等。

洋葱：中等或大形鳞茎，结构紧密，颈部细小，皮色为一致的白色、黄色或红色，青皮少或无，辛辣味强，干物质不低于14%，无心腐病及机械伤。适宜干制的品种有黄皮、白球等。

胡萝卜：中等大小，钝头，表面光滑，须根少，皮肉均呈橙红色，无机械伤，无病虫害及冻僵情况，心髓部不明显，充分成熟而未木质化，胡萝卜素含量高，干物质含量不低于11%，糖分不低于4%，废弃部分不超过15%。干制后复水率为3～9倍。适宜干制的品种有大将军、无敌、长橙、上海本地红、南京红等。

黄花：花蕾呈黄色或橙黄色，花蕾长10 cm左右，在花蕾充分长成但未开放时采收。适宜干制的品种有河南荆州花、茶子花，江苏大乌嘴、小乌嘴，陕西大荔黄花等。

蘑菇：色泽乳白或淡黄，形状整齐，无严重开伞，切口平，菇柄短（不得大于菇面直径的1/3)，无病虫害。适宜干制的品种有白蘑菇等。

竹笋：肉质柔软肥厚，色泽洁白，无显著苦味和涩味，地上部分长17 cm左右采收。一般竹笋均可干制（天目竹笋例外）。

芸豆：鲜嫩，青绿色，肉质肥厚，种子未膨大，干物质含量高（不低于8%），糖分不低于2%，复水率4～6倍。一般品种均可干制。

青豆：豆荚大，去荚容易，豆粒质量不低于豆荚质量的45%，成熟一致，豆粒呈深绿色，糖分不低于4.0%，淀粉含量不超过8.0%，干制后复水率高。适宜干制的品种有阿拉斯加、灯塔等。

辣椒：果皮厚，种子少，水分少，色鲜红或黄。适宜干制的品种有二金条、西充大椒、朝天椒等。

四、果蔬干制的技术和设备

如前文所述，果蔬干制的技术因干燥时所使用的热量来源不同，可分为自然干制和人工干制两大类。现简要介绍这两种技术及其设备。

（一）自然干制的技术及设备

1. 自然干制的技术

利用自然条件如太阳辐射热、热风等使果蔬干燥，称为“自然干燥”。其中，原料直接受太阳晒干的，称晒干或日光干燥；原料在通风良好的场所利用自然风力吹干的，称阴干或晾干。

自然干制的特点是不需要复杂的设备，技术简单易于操作，生产成本低。但干燥条件难以控制，干燥时间长，产品质量欠佳，同时还受到天气条件的限制，部分地区或季节不能采用此法。例如，在潮湿多雨的地区，采用此法干制时过程缓慢、干制时间长、腐烂损失大、产品质量差。

自然干制的一般方法是将原料选择分级，并经洗涤、切分等预处理后，直接铺在晒场，或挂在屋檐下阴干。自然干制时，要选择合适的晒场，要求清洁卫生、交通方便且无尘土污染、阳光充足、无鼠鸟家禽危害，要防止雨淋并经常翻动原料以加速干燥。

2. 自然干制的设备

自然干制所需设备简单，主要有晒场和晒干用具，如晒盘、席箔、运输工具等，此外还有熏硫室、工作室、包装室和贮藏室等。

晒场要向阳，交通方便，远离尘土飞扬的大道，远离饲养场、垃圾堆和养蜂场等，以保持清洁卫生，避免污染和蜂害。

晒盘可用竹木制成，规格视熏硫室内的搁架大小而定，一般为长90～100 cm、宽60～80 cm、高3～4 cm。

熏硫室应密闭，且有门窗便于原料取出前散发硫气，使工作人员能安全进入。

工作室应及时清除果皮菜叶等废弃部分，以免因其腐烂而影响卫生。

包装室和贮藏室应干燥、卫生、无虫鼠危害。

（二）人工干制的技术及设备

人工干制是人工控制干燥条件下的干燥方法。该方法可大大缩短干燥时间，获得质量较高的产品，且不受季节性限制。与自然干燥相比，人工干制设备及安装费用较高，操作技术比较复杂，因而成本也较高。但是，人工干制具有自然干制不可比拟的优越性，是现在及将来果蔬干制的方向。

1. 人工干制的技术

在干制过程中，要掌握温度调节、通风排湿及倒换烘盘等技术，以较短的时间获得较高质量的产品。

1）对不同种类的果蔬采用不同的干制温度和升温方式

如对红枣、柿饼等可溶性固形物含量高的果蔬可采用“低—高—低”的升温方式，即烘房的温度初期为低温，中期为高温，后期为低温。如干制红枣时，可用 6～8 h 将烘房温度升高至 55～60 ℃，再经过 8～10 h 将温度升高至 68～70 ℃，然后经 6 h 将烘房温度逐步下降到不低于 50 ℃。整个烘烤时间共需 24 h，干制的品质好，成品率高，生产成本低。

对可溶性固形物含量较低的果蔬，或切成薄片、细丝的果蔬，如黄花、辣椒、苹果片等，可采用由高到低的升温方式。即先将烘房温度升高到 95～100 ℃，原料进入烘房后，烘房内温度会因原料吸热而迅速降低，此时应加大火力，将烘房温度维持在 70 ℃左右，然后根据干燥状态，逐步降温至烘干结束。大多数果蔬原料，都可采用 55～60 ℃的恒温干燥，直至烘干结束时，再逐步降温。

2）根据烘房内相对湿度的高低，适时通风排湿

果蔬干制时，水分的大量蒸发，使烘房内的相对湿度急剧上升，要使原料尽快干燥，必须注意通风排湿工作。

一般当烘房内相对湿度达到 70% 时，就应通风排湿。通风排湿的方法及每次通风的时间，要根据烘房内相对湿度的高低及外界风力的大小来确定。当烘房内相对湿度高而外界风力又较小时，应将气窗及排气窗全部打开，进行较长时间的通风排湿；若烘房内相对湿度稍高而外界风力较大时，则可将进、排气窗交替开放，进行较短时间的通风排湿工作。排湿时间过长，烘房内温度会下降过多；但若排湿不够，室内相对湿度过高，也会影响干燥速度和产品品质。

3）及时倒换烘盘位置

烘房上部和靠近主火道及炉膛部位的温度往往比其他部位高，因而原料干燥较其他部位快。为了获得干燥程度一致的产品，应在干燥过程中及时倒换烘盘位置，并注意翻动烘盘内的原料。

4）掌握干燥时间

何时结束干燥，取决于原料的干燥速度。要求烘至成品达到其标准含水量或略低于其标准含水量。

2. 人工干制的设备

目前，国内外许多先进的干燥设备大都具有良好的加热及保温设备，以保证干制时所

需的较高和均匀的温度；有良好的通风设备，以及时排除原料蒸发的水分；有良好的卫生条件及劳动条件，以避免产品污染和便于操作管理。根据设备对原料的热作用方式的不同，可将人工干制设备分为以传导、对流、辐射和电磁感应加热等四类。习惯上分为空气对流干燥设备、滚筒干燥设备、真空干燥设备和其他干燥设备。

1）烘灶

烘灶是最简单的人工干制设备。形式多种多样，如广东、福建烘制荔枝干的焙炉，山东干制乌枣的熏窑等。有的在地面砌灶，有的在地下掘坑。干制果蔬时，在灶中或坑底生火，上方架木椽、铺席箔，原料摊在席箔上干燥。通过火力的大小来控制干制所需的温度。这种干制设备结构简单，生产成本低；但生产能力低，干燥速度慢，工人劳动强度大。

2）烘房

烘房建造容易，生产能力较大，干燥速度较快，便于在乡村推广。

目前国内推广的烘房，多属烟道内加热的热空气对流式干燥设备，其形式有：一炉一囱直线升温式、一炉一囱回火升温式、一炉两囱直线升温式、一炉两囱回火升温式、两炉两囱直线升温式、两炉两囱回火升温式、两炉一囱直线升温式、两炉一囱回火升温式及高温烘房。现介绍生产上广泛使用的两炉一囱回火升温式烘房。

（1）结构：为土木结构，一般长 6 ~ 8 m、宽 3 ~ 3.4 m、高 2 ~ 2.2 m（均指内径）。多数房顶采用平顶，在椽子上铺席箔一层，上置 10 ~ 15 cm 厚的三合土，其上再抹以 3 ~ 5 cm厚的水泥，房顶中部稍隆起，两侧墙中部安装水管。

（2）地点选择：宜选择地质坚实、空旷通风、交通方便、干净卫生、靠近产地处建筑烘房。

（3）方位：视当地干制时期的主风向而定，要求烘房的长边与主风向垂直或基本垂直，以利于冷空气通过进气窗进入烘房内，易于通风排湿；同时可避免风对炉火燃烧的干扰，便于掌握烘房内的温度和操作管理。

（4）升温设备：采用火坑面回火升温。于烘房后山墙一端设炉灶两个，每个灶膛长 85 ~ 90 cm、宽 45 ~ 50 cm、高 45 cm，成椭圆形。炉条自前向后倾斜，高度差为 12 cm。炉门宽 20 cm、高 24 cm，灰门高 80 cm、宽 50 cm。在炉膛内左右两侧沿炉膛方向各设一火坑形成主火道。主火道上部高于室内地平 10 cm，下部低于室内地平 20 cm，宽 1 ~ 1.2 m。主火道内用土坯交错成雁翅形，靠近炉膛一端的土坯排列较另一端稀，土坯间距一般为15 ~ 18 cm。土坯排列好后，从距炉膛 3 m 处用干细土垫成缓坡至前山墙，靠前山墙处垫土厚 12 cm。主火道烟火从此处拐至墙火道，墙火道底线距主火道坑面 30 cm，呈缓坡至后山墙，距主火道 60 cm，在沿后山墙入烟囱。烟囱高 6 ~ 7 m，两烟囱用 12 cm 厚的墙隔开，筑于后山墙中间。

（5）通风排湿设备：于两侧墙（距主火道 10 cm 处）各均匀设置 5 个进气窗，每个进气窗宽 20 cm，高 15 cm，内小外大呈喇叭状。于烘房房顶中线均匀设置排气筒 2 ~ 3 个，每个排气筒低部口径为 40 cm × 40 cm，上部口径为 30 cm × 30 cm。排气筒底部与房顶齐平，高 1 cm，底部设开关闸板，上设遮雨帽。

（6）装载设备：主火道上设烘架 8 层，距主火道 25 cm，各层间距 20 cm。烘架、烘盘均用竹木制成，烘盘底有方格或条状空隙，以便透过热空气。

（7）其他：走道宽度应便于烘盘的进出，一般宽 80 ~ 100 cm。门高 180 cm、宽 80 ~ 100 cm，朝外开启。在门的上方墙上砌筑朝内呈喇叭状的照明孔，内装电灯，孔外嵌以双层玻璃。电线和开关均安于室外。在烘房前、中、后部，选择具有代表性的地方安装干湿球温度表，以观测烘房内的温度和湿度。

这种烘房的主要缺点是干燥作用不均匀，因下层烘盘受热多和上部热空气积聚多，因而上下层干燥快，中层干燥慢，所以在干燥过程中需倒换烘盘，因此劳动强度大，工作条件差。近年来改用隧道式的活动烘架，使劳动条件得到改善。

3）隧道式干制机

隧道式干制机是指干燥室为一狭长隧道形的空气对流式人工干制机。原料铺放在运输设备上通过隧道而实现干燥。隧道可分为单隧道式、双隧道式及多层隧道式。干燥间一般长 12 ~ 18 m、宽 1.8 m、高 1.8 ~ 2.0 m。在单隧道式干燥间的侧面或双隧道式干燥间的中央有一加热间，其内装有加热器和吸风机，推动热空气进入干燥间，使原料水分受热蒸发。湿空气一部分自排气孔排出，一部分回流到加热间使其余热得以利用。

根据原料运输设备及干燥介质的运动方向的异同，可将隧道式干制机分为逆流式、顺流式和混合流式三种形式。

（1）逆流式干制机：装原料的载车与空气运动方向相对，即载车沿轨道由低温高湿一端进入，由高温低湿一端出来。隧道两端温度分别为 40 ~ 50 ℃和 65 ~ 85 ℃。这种设备适用于含糖量高、汁液黏稠的果蔬，如桃、李、杏、葡萄等的干制。应当注意，干制后期的温度不宜过高，否则会使原料烤焦，如桃、李、杏、梨等干制时最高温度不宜超过 72 ℃，葡萄不宜超过 65 ℃。

（2）顺流式干制机：装原料的载车与空气运动的方向相同，即原料从高温低湿（80 ~ 85 ℃）一端进入，产品从低温高湿端（55 ~ 60 ℃）出来。这种干制机，适用于含水量较多的蔬菜和切分的果品的干制。但由于干燥后期空气温度低且湿度高，因此有时不能将干制品的水分减少到标准含量，应避免这种现象的发生。

（3）混合流式干制机：该机有两个加热器和两个鼓风机，分别设在隧道的两端，热风由两端吹向中间，湿热空气从隧道中部集中排出一部分，另一部分回流利用。混合流式干制机综合了逆流式与顺流式干制机的优点，克服了二者的不足。果蔬原料首先进入顺流隧道，温度较高、风速较大的热风吹向原料，水分迅速蒸发。随着载车向前推进，温度渐低，湿度较高，水分蒸发渐缓，避免果蔬因表面过快失水而结成硬壳。原料大部分水分干燥后，被推入逆流隧道，温度渐升，湿度渐降，水分干燥较彻底。原料进入逆流隧道后，应控制好空气温度，过高的温度会使原料烤焦和变色。

此外，还有下面几种干制设备。

（1）滚筒式干制机：这种干制机的干燥面是表面平滑的钢质滚筒。滚筒直径为 20 ~ 200 cm，中空。滚筒内部通有热蒸汽或热循环水等加热介质，滚筒表面温度可达 100 ℃以上。使用蒸汽时，表面温度可达 145 ℃左右。原料布满于滚筒表面。滚筒转动一周，原料便可干燥，然后由刮刀刮下并收集于滚筒下方的盛器中。这种干制机适于干燥液态、浆状或泥状食品，如番茄汁、马铃薯片、果实制片等。

滚筒式干制机常见类型有单滚筒、双滚筒和对装滚筒。单滚筒干制机是由独自运转的单一滚筒构成的；双滚筒干制机由对向运转和相互连接的滚筒构成，滚筒表面物料厚度可由双筒之间的距离加以控制；对装滚筒干制机是由相距较远、转向相反、各自运转的双滚筒构成。

（2）带式干制机：传送带由金属网或相互连锁的漏孔板组成。原料铺在传送带上吸热干燥。这种干制机用蒸汽加热，暖管装在每层金属网的中间。新鲜空气从下层进入，通过暖气管被加热。原料吸热后，水分蒸发，湿气由出气口排出。这是四层传送带式干制机，能够连续转动，当上层温度达到 70 ℃时，将原料从干制机顶部一端定时装入，随着传送带的转动，原料从最上层渐次向下层移动，干燥完毕后，从最下层的出口送出。

（3）喷雾干制机（见图 6－2）：喷雾干燥就是将液态或浆质态食品喷成雾状液滴，悬浮在热空气气流中进行脱水干燥。喷雾干燥系统由空气加热器、干燥室、喷雾系统、产品收集装置和鼓风机等组成。该法干燥迅速，可连续化生产，操作简单，适用于热敏性食品及易于氧化的食品的干制。蔬菜干制时，热空气在干燥间出口的温度应有所差异，如番茄 70～80 ℃，菠菜及青豆 70～75 ℃，西葫芦 74～77 ℃。

图 6－2　喷雾干制机

（4）冷冻升华干燥设备：冷冻升华干燥又称冷冻干燥或升华干燥，是使食品在冰点以下冷冻，其中的水分变成固态冰，然后在较高真空下使冰升华为蒸汽而除去，达到干燥的目的。

众所周知，空气压力为 1.013×10^{5} Pa 时，水的沸点为 100 ℃。压力下降时，水的沸点也下降。当空气压力下降到 6.105×10^{2} Pa 时，水的沸点就变为 0 ℃，而这个温度也同样是水的冰点，故称为水的三相点（冰、水与汽共存）。若空气压力降低到 6.105×10^{2} Pa 以下，水的沸点也下降到 0 ℃以下，水则完全变成冰，只有固、汽二态存在。它们在不同的温度下具有其相应的饱和蒸汽压。

在相应的温度及饱和蒸汽压下，冰、汽处于动态平衡状态。但若温度不变而压力减小，或者压力不变而温度上升时，冰、汽平衡便被打破，冰就直接升华为汽，使水分得以干燥。由于物料中水分干燥是在低温下进行的，挥发物质损失很少，营养物质不会因受热而遭到破坏，表面也不会硬化结壳，体积也不会过分收缩，使得果蔬能够保持原有的色、香、味及营养价值。

冷冻升华干燥装置的主要部分是一卧式钢质圆筒，另配有冰冻、抽气、加热和控制测量系统。

（5）远红外干燥设备：远红外干燥是利用远红外线辐射元件发生的远红外线，使其被加热物体所吸收，直接转变为热能而使水分得以干燥。红外线是波长为 0.72～1 000 μm 的电磁波，一般把 5.6～1 000 μm 区域的红外线称为远红外线，而把 5.6 μm 以下的称为近红外线。

远红外线干燥法具有以下优点：干燥速度快，生产效率高，干燥时间一般为近红外线干燥时的 1/2，为热风干燥的 1/10；节约能源，耗电量仅为近红外线干燥时的 1/2 左右；

设备规模小；建设费用低；产品质量好，因为物料表面及内部的分子同时吸收远红外线。

（6）微波干燥设备：微波干燥就是利用微波加热的方法使物料中的水分得以干燥。微波是指频率为300～3×10^{5} MHz，波长为1～1 000 mm的高频交流电。常用加热频率为915 MHz和2 450 MHz。

微波干燥具有以下优点：干燥速度快，加热时间短；热量直接产生在物料的内部，而不是从物料外表向内部传递，因而加热均匀，不会引起外焦内湿现象；水分吸热比干物质多，因而水分易于蒸发，物料本身吸热少，能保持原有的色、香、味及营养物质；还具有热效率高、反应灵敏等特点。此方法在欧美及日本已大量应用，在我国已开始应用。

（7）太阳能的利用：利用热箱原理建筑太阳能干燥室，将太阳的辐射能转变成热能，用以干燥物料中的水分，这种方法称做太阳能干燥。太阳能干燥室由一个空气加热器（热箱）和干燥室组成。热箱是用木板做成的一个有盖的箱子，箱子分为内外两层，中间填充隔热材料，箱的内部涂黑，箱子上装一层或两层平板玻璃，太阳光可透过玻璃进入箱内被箱子内壁吸收，将辐射能变为热能，使箱内温度升高。箱内温度一般为50～60 ℃，最高可达100 ℃以上。

热箱内设有冷空气的进口和热空气的出口，将热空气出口通入干燥室。干燥室设有排气筒，用以排除湿空气。利用太阳能进行干燥，具有十分重要的意义，既可节省能源，又不会对环境造成任何污染，还不需要太复杂的设备。因此，利用太阳能是食品干燥中一种很有发展前景的方法。

五、果蔬干制品的处理、贮藏与复水

（一）果蔬干制品的处理

1. 回软

回软通常称均湿或水分的平衡，其目的是使干制品变软，使水分均匀一致。

回软的方法是在产品干燥后，剔除过湿、过大、过小、结块及细屑，待冷却后，立即堆集起来或放于大木箱中密封，使水分达到平衡。回软期间，箱中过干的成品从尚未干透的制品中吸收水分，因此所有干制品的含水量便达到一致，同时产品的质地也稍显疲软。菜干回软所需时间为1～3 d。

2. 分级

不同干制品有不同的等级标准，应当根据其标准要求进行分级，以充分体现优质优价。分级常根据产品色泽、形态（粉状者为细度）、气味、杂质、斑点和水分等指标构成的标准进行，一般可将产品分为优级品、一级品、二级品和等外品。分级的方法有手工法和过筛法。

3. 压块

蔬菜干制后，重量大大减轻，但体积减小程度相对较少，不利于包装和贮运，且间隙内空气多，产品易被氧化变质。所以，蔬菜干制品在包装前常需压块。

一般脱水蔬菜应在脱水的最后阶段，温度为60～65 ℃时进行压块。若干燥后产品已经冷却，压块时则易引起破碎，故在压块之前常需喷以热蒸汽，然后立即压块。喷汽压块的蔬菜，应与等量的生石灰同贮，以降低产品的含水量。生产中，脱水蔬菜从干制机中取出以后不经回软便立即趁热压块。

4. 防虫处理

干制品中常混杂有虫卵，若包装破损或产品回潮，可发生虫害，故应对干制品进行防虫处理。防虫的方法有以下几种。

（1）低温贮藏。2～10 ℃条件下，可抑制虫卵发育，推迟虫害的出现。

（2）热力杀虫。将果蔬干制品在75～80 ℃温度下处理10～15 min后立即包装，可杀死昆虫和虫卵。对于干燥过度的果蔬，可用蒸汽处理2～5 min，不仅可杀虫，还可使产品肉质柔软，改进外观。

（3）熏蒸剂杀虫。常用的熏蒸剂有二氧化硫、二硫化碳、氯化苦和溴代甲烷等。将上述熏蒸剂在密闭的容器或仓库内熏蒸一定时间，可杀死害虫及虫卵。熏蒸剂不仅对昆虫具有毒性，而且对人类也有毒，使用时应戴防毒面具，并注意用高压贮液桶盛熏蒸剂，使用时由高压贮液桶直接向熏蒸室内输送熏蒸剂。熏蒸剂的使用，常在包装前进行，特别是晒干的果蔬制品，因带有较多昆虫及虫卵，常在离开晒场前就进行熏蒸。在果蔬干制品贮藏过程中，还常定期进行熏蒸，以防虫害发生。

下面是以上各种熏蒸剂的主要性质及用量等。

（1）二硫化碳。沸点为46 ℃，在0 ℃时的相对密度为1.29，在空气中可挥发，其蒸汽比空气重，熏蒸时应置于室内高处，使其自然挥发，向下扩散。用量一般为100 g/m^3，熏蒸24 h。

（2）二氧化硫。可用于干制前已熏过硫的果蔬干制品，时间为4～12 h，用量为硫磺200 g/m^3。

（3）氯化苦。沸点为112 ℃，相对密度为1.66，在空气中可挥发，有剧烈毒性。在20 ℃以上杀虫力最强，宜在夏、秋季节使用。使用量为17 g/m^3，熏蒸24 h。氯化苦忌与金属接触，应用陶器盛装，未干制品易遭药害，故制品应在充分干燥后才能熏蒸。

（4）溴代甲烷。常用量为17 g/m^3，秋、冬季节可稍多一些，熏蒸24 h即可。

5. 包装

经过必要处理和分级后的果蔬干制品，宜尽快包装。包装应达到以下要求。

（1）包装材料适宜并且严格密封，能有效地防止干制品吸湿回潮，以免结块和长霉。

（2）能有效防止外界空气、灰尘、昆虫、微生物及气味的入侵。

（3）不透光。

（4）容器经久牢固，在贮藏、搬运、销售过程中及高温、高湿、侵水和雨淋的情况下不易破损。

（5）包装的大小、形态及外观应有利于商品的推销。

（6）包装材料应符合食品卫生要求。

（7）包装费用应合理。

常用的包装材料及容器有下面几种。

（1）竹篓、柳条筐。过去在北方低湿地区使用较多，但因其过于粗糙，产品安全性不够，现已较少使用。

(2) 纸盒、纸箱。常于盒内或箱内垫衬防潮材料，如涂蜡纸、羊皮纸以及高密度聚乙烯袋，盒（箱）外再用蜡纸、玻璃纸、纤维膜等作为小包装。

(3) 金属罐。以马口铁制成的容器，具有防潮、密封、防虫和牢固耐用的特点，适用于果汁粉、蔬菜粉、核桃仁等的包装。

(4) 玻璃罐。能防虫防潮，有的还可真空包装，适于果蔬粉的包装，可避免果蔬粉吸湿结块和生霉，但玻璃罐的自重大，加工容易破碎，所以近年来质轻、坚固、透明的塑料罐正迅速发展。

(5) 塑料薄膜及复合薄膜袋。简单的塑料薄膜袋如聚乙烯、聚丙烯袋包装已相当普遍。复合薄膜袋有由玻璃纸、聚乙烯、铝箔、聚乙烯膜等材料复合而成的薄膜制成的，也有由纸、聚乙烯、铝箔、聚乙烯组合的复合薄膜制成的。由于复合薄膜袋能热合密封，并可用于抽空及充气包装，且不透光、不透气、不透湿，因而适于各类干制品的包装。

另外，为了防虫、防霉、防氧化变质，常采用抽空、充氮（或二氧化碳）包装；为了防止产品吸潮，常在包装容器内附装干燥剂、抗结块剂（硬脂酸钙）等。干燥剂的种类有硅胶和生石灰，可用湿透的纸袋包装后放入干制品包装容器内，以免污染食品。

(二) 果蔬干制品的贮藏

包装完善的干制品受贮藏环境的影响较小，而未经包装或包装破损的干制品在不良条件下极易变质。应保证良好的贮藏条件并加强贮藏期管理，才能保证干制品的安全贮藏。

下面一些因素会影响果蔬干制品的贮藏。

(1) 贮藏温度。贮藏温度越低，干制品的保质期越长。贮藏温度以 0 ~2 ℃最好，一般不宜超过 10 ~14 ℃。高温会加速干制品的变质，还会导致虫害及长霉等不良现象。

(2) 空气温度。空气越干燥越好，贮藏环境中空气相对湿度最好在 65% 以下。高湿会导致干制品长霉，还会增加干制品的水分含量，降低经过硫处理的干制品中二氧化硫的含量，提高酶的活性，引起抗坏血酸等的破坏。空气的存在，会加速制品的变色和维生素 C 的损失，还会导致脂肪氧化而使风味恶化，故对干制品常采用抽空或充氮（或二氧化碳）包装。在干制品贮藏中，采用抗氧剂，也能获得保护色素的效果，抗氧剂有 D-异抗坏血酸、酸丙酯、酸等。

(3) 光线。光线会促使干制品变色并失去香味。因此，干制品应避光包装或避光贮藏。

(4) 干制原料的选择、处理以及干制品的含水量。选择新鲜完整、充分成熟的原料，并经合理处理后加工成的干制品，具有较好的耐贮性。经过热处理或硫处理的原料干制的产品，容易保色和避免生虫长霉。在不影响成品品质的前提下，产品含水量越低，保藏效果越好。一般蔬菜干制品的含水量要求在 6% 以下，当含水量超过 8% 时，则保藏期大大缩短。少数蔬菜如甜瓜、马铃薯的干制品，含水量可稍高。大多数果品，因组织较厚韧，可溶性固形物含量较高，所以干制后的含水量可较高，一般含 15% ~20%，少数可高达 25%。

此外，还应保持贮藏室的清洁；及时清除废弃物；对用具进行严格消毒；进行防鼠、防潮等处理；贮藏期内定期进行熏蒸杀虫处理等。

（三）果蔬干制品的复水

干制品在食用前一般都应当复水。复水就是将干制品浸在水里，经过一定时间，使其尽可能地恢复到干制前的状态。干制品的复水方法是：将干制品浸泡在12～16倍质量的冷水里，经半小时后，再迅速煮沸并保持沸腾5～7 min。

干制品复水性就是新鲜食品干制后能重新吸回水分的程度，常用复水率（或复水倍数）来表示。复水率就是复水后沥干质量与干制品试样质量的比值。复水率大小依原料种类、品种、成熟度、原料处理方法和干燥方法等不同而有差异。

【工作任务详述】

一、工作课时

本单元的理论课时为8课时，实践课时为6课时，共14课时。

二、工作过程

果蔬的自然干制与人工干制技术

（一）果蔬的自然干制技术

红枣　按不同大小和成熟度分级，用清水洗涤，再投入沸水中烫漂5～10 min，也有的不烫漂。日出时摊开，中途翻动几次，日落时收拢覆盖，直至晒干。晒干后根据品质好坏分级和包装。

葡萄干　首先除去太小和破碎的果粒，用1.5%～4.0%的氢氧化钠溶液处理1～5 s，再用清水洗净碱液，装入晒盘，晒3～5 d，翻转，再晒2～3 d，然后将晒盘叠置阴干。经贮藏回软20 d后，脱粒去梗并包装。

柿饼　选果后削去外皮，切除萼片，保留萼盘和果梗，用麻绳系缚果梗，20～30个果实为一串，或者散晒。放在通风透光处晒15～20 d，至发软稍干且有硬壳时收集，装进容器内封闭，翌日取出用手揉软后压扁成饼，复晒3～4 d然后装进容器，一天后再取出，揉软、压扁，如此反复3～4次，即可生霜制成柿饼，反复次数越多，生霜越多，品质越好。

荔枝干　将鲜荔枝除去叶梗，搜集放在烘盘上，放在阳光下曝晒两天，然后移入烘房烤干，再在阳光下曝晒一天。

桃干　根据原料要求，选择适于干制的品种，先将桃毛刷去，然后洗净、对剖、切分、去核，切面向上排放在果盘上，按100 kg桃用硫磺300 g的比例熏硫20～30 h，随即取出晒至6～7成干，收集回软后再晒干到含水量为15%～18%。还可用3%～4%的碱液去皮后再洗净、切分、去核、熏硫、晒干的方法制成桃干。

黄花　选用充分发育而未开花的花蕾，用蒸汽或沸水热烫。用蒸笼蒸时，要求花蕾蒸至半熟或近熟，一般上汽后蒸15～20 min。沸水煮时，则煮至花稍变色变软为度。然后在阳光下曝晒，并经常翻动，约晒2～3 d，使含水量达8%以下即可。

萝卜丝　选用冬季萝卜（纤维少，未糠心），洗净，削去叶，然后刨成丝，晾晒至七成干时装罐密封，2～3 d后即成金黄色，再取出晒干至水含量8%以下。

竹笋　根据制作方法的不同，可分为普通笋干和玉兰片两种。

普通笋干的制作方法如下。

选用毛竹笋，削掉笋壳，削整基部，洗净。按老嫩分级，分别于沸水中热烫，煮至笋呈半透明并发出香气时为止，约需 1～3 h。热烫不能过度，否则竹笋软烂，不宜干制。热烫后立即投入流水中漂洗冷却，再将竹笋排列在压榨器内压掉部分水分，且将竹笋压成扁平状。然后晒干，约需 12～15 d。

玉兰片的制作方法如下。

选用鲜嫩的冬笋，先削去外壳和基部粗老部分，对半切分，投入沸水中煮至产生香气时取出冷却。将竹笋排列在晒盘上置密闭容器内熏硫 6～8 h 时，硫磺用量为每 100 kg 竹笋 300 g 左右，然后晒干。这种产品色泽白，耐保藏。

（二）果蔬（苹果干）的人工干制技术

1. 加工工艺流程

苹果干的加工工艺流程如图 6－3 所示。

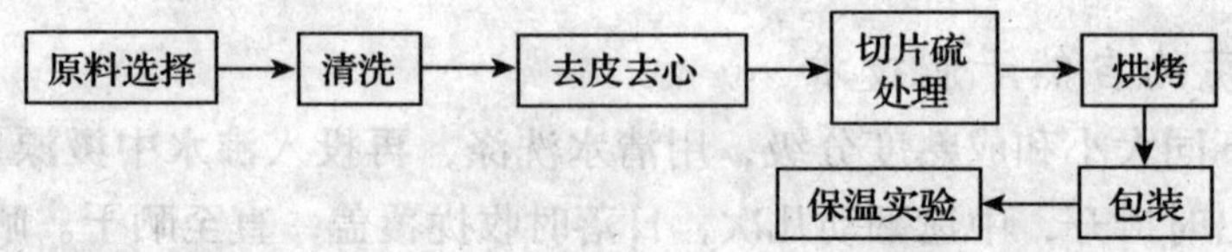

图 6－3　苹果干的加工工艺流程

2. 操作要点

1）原料选择

选择无病虫害、腐烂斑点，成熟度一致的苹果为原料，每组称苹果 5 kg。

2）配制亚硫酸氢钠溶液

配制 0.5% 的亚硫酸氢钠溶液 5 L，用天平称取亚硫酸氢钠 25 g，溶于 5 L 水中。

3）洗涤、去皮

将称取的苹果用自来水清洗干净，手工去皮，并除去果柄、花萼。

4）切分、去心、切果片、护色

将去皮后的苹果纵切为二，挖去果心，称重。再将去果心后的果块切分为 2 mm 厚的果片，果片的厚度要均匀。将切分的果片在亚硫酸氢钠溶液中浸泡 15 min。

5）烘烤

将硫处理后的果片分成重量相同的 3 份并称重。将 3 份果片分别摆放在用竹片编制的篦上，然后放入 60～70 ℃的烘箱中烘烤 4 h 后，将其中一份取出称重，装入塑料袋内，真空封口；其他两份连续烘烤 6～8 h 后，直至果块干而不沾手，又有一定的弹性与韧性，其重量为原果肉重的 1/6～1/7，取出其中一份，装入塑料袋内，真空封口；第三份连续烘烤 12 h，取出，装袋并真空封口。

6）保温试验

将烘制时间不同的果块置于 35 ℃的保温箱内，保温处理 7 d，观察结果。

三、注意事项

1. 干制品保质期缩短的原因及其预防措施

干制品保质期缩短的主要原因是微生物侵染和虫害。干制品含水量较低，微生物一般难以生长繁殖，但是，当干制品未进行密封包装时，遇到湿热的空气，干制品就会吸潮，微生物就会重新生长繁殖，对干制品造成危害，缩短了干制品的贮藏期。当然，若干制品在干制结束时，水分含量控制不当，导致干制品含水量太高，也会使产品保质期缩短。所以，严格控制干制品的含水量以及预防干制品贮藏期间的吸潮是保证干制品耐贮性的主要措施。虫害是引起干制品保质期缩短的又一重要因素，害虫是在自然干制期间或干制品贮藏期间侵入产卵，以后再发育成为成虫，对制品造成危害，所以在包装前应做好各种防虫工作，具体措施如前文所述。此外，干制品长期与氧接触或光照，也会引起制品色泽和风味等方面的不良变化，从而缩短保质期，所以干制品应及时进行充氮密封包装，并在避光条件下贮藏。

2. 干燥率低的原因以及提高干燥率的措施

干燥率低是多方面因素引起的，首先是因为原料固形物含量太低；其次是原料干制过程中的呼吸消耗，特别是自然干制过程中的呼吸消耗；此外，原料成熟度不够，也会导致干燥率降低。针对以上引起干燥率低的因素，提高干燥率必须做到以下几点：① 选择固形物含量高的品种作为干制原料；② 干制前对原料进行烫漂处理，烫漂时也应选择合理的料水比，否则，烫漂也会造成可溶性固形物流失而导致干燥率降低；③ 选择适宜成熟的原料作为干制原料，成熟度过低或过高均会导致干燥率下降。

【知识和技能考查】

一、填空题

1. 果蔬干制是指脱出一定________，而将可溶性物质的________提高到微生物难以利用的程度，同时保持果蔬原来________的果蔬加工方法。果蔬中所含酶的________也受到抑制，从而产品能够长期保存。

2. 果蔬干制品对于________、________、旅游、军需等方面都具有重要意义。

3. 果蔬脱水是为了________，食品的保藏性不仅和________有关，与果蔬中水分的________也有关。游离水中的糖类、盐类等可溶性物质多了，溶液浓度________，渗透压________，造成微生物________而死亡，因而可通过降低________，抑制微生物的生长，保存食品。

4. 干燥过程可分为两个阶段，即________和________。在两个阶段交界点的水分称为________，这是每一种原料在一定干燥条件下的特性。

5. 干燥速度的________，对果蔬干制品的好坏起着决定性作用。在其他条件相同的情况下，干燥________，越不容易发生不良变化，成品的________也就越好。

6. 果蔬的干燥是把预热的空气作为________。它有两个作用，一是________，原料吸热后使它所含水分汽化，二是把原料________带到室外。

7. 果蔬干制时，尤其在________，一般不宜采用________的温度，否则会产生不良现象。

8．果蔬的种类不同，其所含________及________也有差异，因而________也不相同。原料的切分与否以及切块大小、________不同，干燥速度也不一样。切分越薄，表面积越大，________就越快。

9．烘房单位面积上装载的________，对于果蔬的________也有很大影响。烘盘上原料装载量多，则厚度大，不利于________，影响水分蒸发。

10．果品蔬菜干制后，体积和重量明显减小。一般体积为原料的________，重量为原料的________。

11．果蔬在干制过程中（或干制品在贮藏中）色泽的变化包括3种情况：一是________；二是________；三是________。

12．________在长时间高温处理下，也会发生变化。如茄子的果皮含花青素，经氧化后会变成褐色；与________等离子结合后，可形成稳定的________络合物；________会促使花青素褪色而漂白；花青素在不同的________中会呈现出不同颜色；花青素为________，在洗涤、预煮过程中会大量流失。

13．果蔬在干制过程中（或干制品在贮藏中），常出现颜色________、变褐甚至变黑的现象，一般称为________。按产生的原因不同，褐变又分为________和________。

14．果蔬中还含有蛋白质，组成蛋白质的氨基酸，尤其是酪氨酸在________的催化下会产生________，使产品如马铃薯变黑。

15．非酶褐变的原因之一是果蔬中________和________的醛基作用生成复杂的络合物。

16．新鲜果蔬细胞间隙中的空气，在干制时受热________，使干制品呈________。因而干制品的________决定于果蔬中气体被排除的程度。气体越多，制品越不透明；反之，则越________。干制品越透明，质量越高，这不只是因为透明度高的干制品外观好，而且由于空气含量少，可________氧化作用，加强制品的耐贮藏性。干制前的________即可达到这个目的。

17．果蔬干制中，营养成分的变化虽因________和处理方法的不同而有差异，但总的来说，水分减少较大，________和________较多，________和________则较稳定。

18．由于果蔬在________中水分大量蒸发，干制结束后，水分含量发生了很大变化。一般水分含量按________所占的百分数表示。

19．糖普遍存在于________和部分中，是________的主要来源。它的变化直接影响到果蔬干制品的________。

20．果品蔬菜中含有多种维生素，其中________和________对人体健康尤为重要。维生素C很容易被________，因此在干制加工时，要特别注意提高维生素的保存率。

21．果品、蔬菜原料品质的好坏对干制品的________和质量影响很大，必须对果蔬原料进行精心选择。干制原料的基本要求是：________，________，不易褐变，可食部分比例大，肉质致密，粗纤维少，成熟度适宜，新鲜完整。

22．回软的方法是在产品干燥________，剔除________、________、过小、结块及细屑，待冷却后，________堆集起来或放于大木箱中________，使水分达到平衡。菜干回软所需时间为________。

23. 不同干制品有不同的________，应当根据其标准要求进行分级，以充分体现优质优价。分级常根据产品________、________、________、________、斑点和水分等指标构成的标准进行，一般可将产品分为________、________、二级品和等外品。分级的方法有________和________。

二、名词解释

1. 果蔬干制品　2. 自由水　3. 水分活度　4. 水分外扩散　5. 褐变　6. 微波干燥　7. 回软　8. 复水

三、简答题

1. 果蔬干制的含义是什么?
2. 果蔬干制的过程如何?
3. 简述果蔬组织内部的水分状态及性质。
4. 简述果蔬干燥的机理。
5. 果蔬在干燥过程中的变化如何?
6. 果蔬干燥的方法有哪些?
7. 影响果蔬干燥率的因素有哪些?
8. 烘烤时间不同的制品在干燥率、色泽、质地等方面有何区别？为什么?
9. 烘烤时间不同的制品在保温实验过程中有何变化与差异？为什么?
10. 果蔬干制时，尤其在干制初期，一般不宜采用较高的温度，否则会产生哪些不良现象?
11. 果蔬在干燥过程中的变化有哪些?
12. 用图文框表示葡萄干干制的工艺流程。
13. 果蔬干制工艺对干制原料的要求有哪些?

四、技能题

组织学生观看新疆吐鲁番加工葡萄干的影像资料，真切感受自然干制的工作机理和厂房、设备等，尤其是葡萄的选取、处理工序。最后，讨论并总结果蔬干制的操作要点。

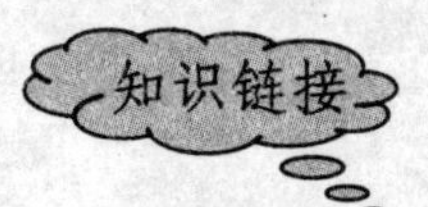

葡萄干的制作

葡萄干对人体的益处

葡萄干对人体的益处有很多，可防范眩晕、心悸、乏力等低血糖反应症状。葡萄干中的铁和钙含量十分丰富，是儿童、妇女及体弱贫血者的滋补佳品，可补血气、暖肾，治疗贫血、血小板减少；葡萄干内含大量葡萄糖，对心肌有营养作用，有助于冠心病患者的康复；葡萄干还含有多种矿物质和维生素、氨基酸，常食对神经衰弱和过度疲劳者有较好的补益作用；另外，葡萄干还是妇女病的食疗佳品。

加工过程

(1) 原料选择。制干的葡萄应选择皮薄、果肉丰满柔软、外表美观、含糖量高的品种，一般以无核的“无核白”、“无子露”和有核的“玫瑰香”、“牛奶”等为原料。果实要充分成熟，又不可太熟。

(2) 剪串。采收以后，剪去太小和损坏的果粒，果串太大的要剪为几小串，在晒盘上铺放一层。

(3) 浸碱处理。为加速干燥，缩短水分蒸发时间，可采用碱液处理。在浓度为1.5% ~4%的氢氧化钠溶液中浸渍1 ~5 s，薄皮种也可用浓度为0.5%的碳酸钠或碳酸钠与氢氧化钠的混合液处理3 ~6 s。原料浸碱处理后立即放到清水里冲洗干净。经过浸碱处理的果实干制时间可缩短8 ~10 d。干制白葡萄干时，还需要熏硫3 ~5 h。

(4) 曝晒。将葡萄装入晒盘，在阳光下曝晒10 d左右，当表面有一部分干燥时，可以全部翻动一遍，湿一点的放在表层继续晒，至2/3的果实呈干燥状，用手捻果实无葡萄汁液渗出时，即可将晒盘叠起来，阴干一星期。在晴朗的天气下，全部干燥时间共约20 ~25 d。

(5) 回软。将果串堆放15 ~20 d，使之干燥均匀，同时除去果梗，即成制品。

(6) 包装。葡萄干包装有布袋包装和木箱装两种，布袋分50 kg或25 kg装两种，木箱一般装25 kg。

质量标准

(1) 以粒大、壮实、味柔糯者为上品。

(2) 干燥度以成把捏紧后放开，颗粒迅速散开的为好。

(3) 白葡萄干的外表要求略带糖霜，去糖霜后色泽晶绿透明；红葡萄干外表也要求略带糖霜，去糖霜呈紫红色半透明。

(4) 口味甜蜜鲜醇，不酸不涩。

学习情境七　果酒加工

工作任务　葡萄酒加工

【情境描述】

果酒是以新鲜水果或果汁为原料，经发酵酿制调配而成的各种低度饮料酒。本次任务以葡萄酒为例讲解果酒的加工技术以及操作要点，使学生了解葡萄酒的分类、酿造原理，同时初步掌握生产技术，提高学生的操作技能。

【作业质量要求】

（1）产品质量符合葡萄酒质量标准。

（2）正确使用果酒加工所需实验设备。

（3）遵守操作规程，操作现场整洁。

（4）正确执行安全技术操作规程。

【学习目标】

（1）了解葡萄酒的分类及酿造原理。

（2）掌握葡萄酒的加工工艺和操作要点。

（3）熟知果酒发酵的主要设备。

【技能目标】

（1）掌握葡萄酒酿造技术及操作要点。

（2）能够正确处理生产过程中的常见问题。

【所需设备、工具和材料】

（1）仪器、器皿：不锈钢刀具、砧板、不锈钢锅、大小不锈钢桶、榨汁机、糖度计、温度计等。

（2）试剂：焦亚硫酸钾。

（3）原材：葡萄。

【相关知识】

果酒是以新鲜水果或果汁为原料，经发酵酿制调配而成的各种低度饮料酒。我国习惯上按果酒原料实名分类，如葡萄酒、猕猴桃酒、苹果酒、山楂酒、枣酒、梨酒等。果酒酒精含量低，营养价值高，是饮料酒中的主要发展品种。

葡萄酒是以整粒或破碎的新鲜葡萄或葡萄汁为原料，经完全或部分发酵酿制而成的低度饮料酒，其酒精含量不能低于8.5%（体积分数）。

葡萄酒在果酒中占比最大，是国际性饮料酒，其他果酒的风味虽各有不同，但其酿造工艺多以葡萄酒的酿造工艺为样板。法国葡萄酒（见图7－1）尤为有名。新疆盛产葡萄，根据区域经济的特点，本次任务以石河子本地酿酒葡萄为例讲解葡萄酒的生产技术。

图7－1　法国葡萄酒

一、葡萄酒的分类

葡萄酒的品种很多，一般按酒的颜色、含糖多少、是否含二氧化碳、采用的酿造方法及生产工艺等来分类，国外也有按产地、原料名称来分类的。

（一）按葡萄酒的颜色分类

1）红葡萄酒

这类酒是选择皮红肉白或皮肉皆红的酿酒葡萄，采用皮汁混合发酵，然后进行分离陈酿而成的葡萄酒。这类酒的色泽应成自然宝石红色、紫红色或石榴红色等，失去自然感的红色不符合红葡萄酒色泽要求。

2）白葡萄酒

这类酒是选择白葡萄或浅红色果皮的酿酒葡萄，经过皮汁分离，取其果汁进行发酵酿制而成的葡萄酒。这类酒的色泽应近似无色，浅黄带绿、浅黄或禾杆黄，颜色过深不符合白葡萄酒色泽要求。

3）桃红葡萄酒

此类酒是介于红、白葡萄酒之间，选用皮红肉白的酿酒葡萄，进行皮汁短期混合发酵，达到色泽要求后进行皮渣分离，继续发酵，陈酿而成的葡萄酒。这类酒的色泽是桃红色、玫瑰红或淡红色。

（二）按葡萄酒中含糖量分类

1）干葡萄酒

干葡萄酒含糖量（以葡萄糖计）≤4 g/L，品评时感觉不出甜味，具有洁净、爽怡、和谐怡悦的果香和酒香。由于酒色不同，又分为干红葡萄酒、干白葡萄酒和干桃红葡萄酒。

同理，以下的半干、半甜、甜葡萄酒也可以分别根据酒的色泽不同进行分类。

2）半干葡萄酒

半干葡萄酒的含糖量为4～12 g/L，微具甜味，口味洁净、舒顺，味觉圆润并具和谐的果香和酒香。

3）半甜葡萄酒

半甜葡萄酒的含糖量为12.1～50 g/L，具有甘甜、爽顺、舒愉的果香和酒香。

4）甜葡萄酒

甜葡萄酒的含糖量≥50 g/L，具有甘甜、醇厚、舒适爽顺的口味及和谐的果香和酒香。

（三）按是否含二氧化碳分类

1）静置葡萄酒

此类酒是在20 ℃时，二氧化碳压力小于0.05 MPa的葡萄酒。

2）起泡葡萄酒

此类酒是在20 ℃时，二氧化碳压力等于或大于0.05 MPa的葡萄酒。

（四）按酿造方法分类

1）天然葡萄酒

此类酒是葡萄原料在发酵过程中不添加糖或酒精，即完全用葡萄汁发酵酿成的葡萄酒。

2）加强葡萄酒

此类酒包括加强干葡萄酒和加强甜葡萄酒。

3）加香葡萄酒

此类酒按含糖量不同可分为干酒和甜酒。

（五）按生产工艺分类

1）天然葡萄酒

此类酒完全用葡萄汁发酵，不添加酒精和糖分。

2）半天然葡萄酒

此类酒人工添加白兰地或酒精提高酒精度，并添加浓缩葡萄汁或糖浆提高含糖量。

3）合成葡萄酒

此类酒不经发酵，采用葡萄汁与白兰地或食用酒精兑制。

二、葡萄酒的酿造原理

葡萄酒酿造是利用酵母菌将葡萄汁（浆）中的可发酵性糖类经酒精发酵生成酒精，再在陈酿、澄清过程中经酯化、氧化及沉淀作用，使之成为酒质清晰、色泽鲜美、醇和芳香的饮料酒的过程。葡萄酒发酵是以酵母菌酒精发酵为主体，同时受多种因素调控的复杂的生物化学变化过程。

（一）葡萄酒酵母

葡萄酒酵母细胞为椭圆形，可发酵葡萄糖、果糖、蔗糖、麦芽糖、半乳糖，不发酵乳糖、D-阿拉伯糖和D-木糖等，产酒精能力强，在富含可发酵性糖的发酵液中，能发酵产生酒精最高达17%，转化1%（体积分数）酒精需17~18 g糖。同时葡萄酒酵母发酵后能产生典型的葡萄酒香味，因此在葡萄酒发酵中占有重要的地位，同时也是酿造其他果酒较好的菌种。

（二）酒精发酵

酒精发酵是酵母菌在厌氧条件下发酵已糖生成乙醇，同时产生大量二氧化碳及少量甘油、高级醇类、酮醛类、酸类、酯类和磷酸甘油醛等许多中间产物的过程，是葡萄酒酿造最主要的阶段。其生化过程主要由两个阶段组成：第一阶段，已糖通过糖酵解途径（EMP途径），分解成丙酮酸；第二阶段，丙酮酸由丙酮酸脱羧酶催化生成乙醛和二氧化碳，乙醛在乙醇脱氢酶催化下被NADH还原成乙醇。葡萄糖发酵成乙醇整个过程非常复杂，有一系列酶的参与，需经过30多个连续的生化反应。

其总反应式为：

$$C_6H_{12}O_6 \rightarrow 2CH_3CH_2OH + 2CO_2$$

糖酵解产生的丙酮酸不进入三羧酸循环，而是脱羧成为乙醛，进一步还原为乙醇，主要的化学历程如下。

（1）葡萄糖磷酸化，即通过已糖磷酸化酶和磷酸已糖异构酶的作用将葡萄糖及果糖转化为1.6-二磷酸果糖。

（2）1.6-二磷酸果糖分裂为三碳糖，即3-磷酸甘油醛。

（3）3-磷酸甘油醛转化为丙酮酸。

（4）丙酮酸脱羧成为乙醛。

（5）乙醛转化为乙醇。

一般在达到丙酮酸时，若有氧则进行有氧呼吸繁殖个体，若无氧则进行无氧呼吸发酵成乙醇。故一般在发酵初期，供给适当氧气，繁殖个体。然后减少空气，进行发酵以利酒精积累。蔗糖、麦芽糖为发酵性糖。淀粉、纤维素、果胶为非发酵碳水化合物，需水解后利用五碳糖异构为六碳糖才能被利用。

（三）影响酒精发酵的因素

葡萄酒酵母为兼性厌氧微生物，它在有氧条件下，进行呼吸作用，产生大量能量，用于酵母菌的繁殖。只有在无氧条件下才进行发酵，产生酒精。环境条件直接影响酵母菌的生存与发酵作用。

1. 温度

酵母菌的最适生长温度是25~28 ℃，发酵最适温度是20~30 ℃。温度在10 ℃以下，一般不发酵或发酵很慢。当温度为20~22 ℃时，酵母菌繁殖和发酵速度开始加快，在30 ℃时达到最大值，如果温度继续升高达到34~35 ℃时，酵母活力开始受到影响，37~39 ℃活力大大减弱，酵母菌呈“疲劳”状态，40 ℃停止发育与发酵。一般情况下，32~35 ℃是发酵应避免的危险温度区，在此温度范围内，有停止发酵的危险。

不同的发酵温度，葡萄汁的发酵速度、副产物的含量也不相同。20 ℃以下的低温发酵，酒体醇厚芳香，维生素保存率高，30 ℃以上的高温发酵，杂醇油、醋酸等生成量多，酒味粗糙。对于红葡萄酒，发酵的最佳温度为26～30 ℃，而对于白葡萄酒和桃红葡萄酒，发酵的最佳温度为18～20 ℃。

2. 通风

酵母菌的繁殖需要氧，供氧充足时，酵母菌繁殖大量的酵母细胞，只产生极少量的乙醇；而在缺氧时繁殖缓慢，产生大量酒精。故在发酵初期，应适当供给空气，一般情况下，葡萄处理过程中所溶解的氧，已足够酵母菌生长发育，只有当酵母发育停滞时，才适当供给空气。如果供给空气过多，将会使酵母进行有氧呼吸而损失酒精，所以果酒发酵一般在密闭条件下进行。

3. 酸度

在pH值为3.5时，大部分酵母能繁殖，而杂菌受到抑制，当pH值降到2.6时，一般酵母停止繁殖。因此控制果汁的pH值有利于发酵安全，同时给果酒以清爽风味。

4. 酒精和二氧化碳

酒精是发酵的主要产物，对所有酵母都有抑制作用。葡萄酒酵母比其他酵母忍耐酒精的能力强，尖端酵母当酒度超过4%时，就停止生长和繁殖。在葡萄破碎时带到汁中的其他微生物，如产膜菌、细菌等，对酒精的抵抗力更小，因此，它阻止了有害微生物在果汁中的繁殖。但有些细菌就不一样，如乳酸菌，在含酒精26%或更高情况下，仍能维持其繁殖能力。

在发酵过程中，二氧化碳的压力达到0.8 MPa时，能停止酵母菌的生长繁殖；当二氧化碳的压力达到1.4 MPa时，酒精发酵停止；当二氧化碳的压力达到3 MPa时，酵母菌死亡。工业上常利用此规律外加0.8 MPa的二氧化碳来防止酵母生长繁殖，保存葡萄汁。

在较低的二氧化碳压力下发酵，由于酵母增殖少，可减少因细胞繁殖而消耗的糖量，增加酒精产率，但发酵结束后会残留少量的糖，可利用此方法来生产半干葡萄酒；起泡葡萄酒发酵时，常用自身产生的二氧化碳压力（0.4～0.5 MPa）来抑制酵母的过多繁殖。加压发酵还能减少高级醇等的生成量。气压可以抑制二氧化碳的释放从而影响酵母菌的活动，抑制酒精发酵。

5. 二氧化硫

一般都采用亚硫酸来保护发酵。葡萄酒酵母菌具有较强的抗二氧化硫能力。当果汁中游离二氧化硫为10 mg/L时，对酵母菌没有明显作用，而对大多数有害微生物却有抑制作用。当二氧化硫为20～30 mg/L时，能延迟发酵进程6～10 h；当二氧化硫为50 mg/L时，能延迟发酵进程18～24 h；当二氧化硫为100 mg/L时，会延迟发酵进程4 d。

6. 糖分

酵母菌生长繁殖和酒精发酵都需要糖，糖浓度为2%以上时酵母菌活动旺盛进行，当糖浓度超过25%时则会抑制酵母菌的活动，如果达到60%以上时由于糖的高渗透压作用，酒精发酵停止。因此生产含酒精度较高的果酒时，可采用分次加糖的方法，这样可以缩短发酵时间，保证发酵的正常进行。

7. 其他因素

1）促进因素

酵母生长繁殖尚需其他物质。和高等动物一样，酵母需要生物素、吡哆醇、硫胺素、泛酸、内消旋环己六醇、烟酰胺，还需要甾醇和长链脂肪酸。基质中糖的含量等于或高于 20 g/L，促进酒精发酵。酵母繁殖还需供给氨基酸、游离氨基酸等氮源。

2）抑制因素

如果基质中糖的含量高于30%，由于渗透作用，酵母菌失水而降低其活动能力；如果糖的含量大于60% ~65%，酒精发酵根本不能进行。乙醇的抑制作用与酵母菌的种类有关，有的酵母菌在酒精含量为4%时就会停止活动，而优良的葡萄酒酵母则可抵抗 16% ~17% 的酒精。此外，高浓度的乙醛、二氧化硫、二氧化碳以及辛酸、癸酸等都是酒精发酵的抑制因素。

【工作任务详述】

一、工作课时

本单元的理论课时为 8 课时，实践课时为 4 课时，共 12 课时。

二、工作过程

葡萄酒加工

（一）加工工艺流程

红葡萄酒的加工工艺流程如图 7 - 2 所示。

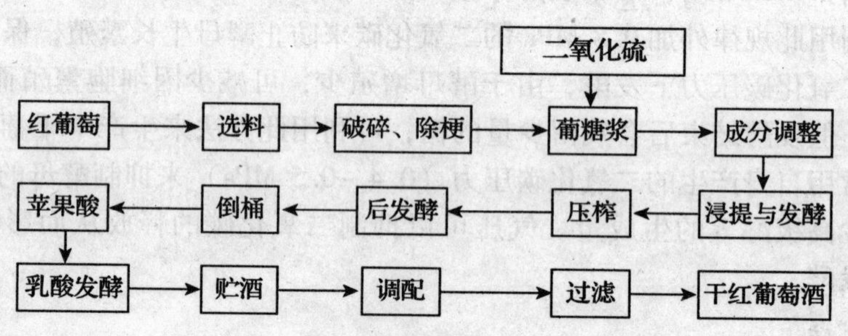

图 7 - 2　红葡萄酒的加工工艺流程

白葡萄酒的加工工艺流程如图 7 - 3 所示。

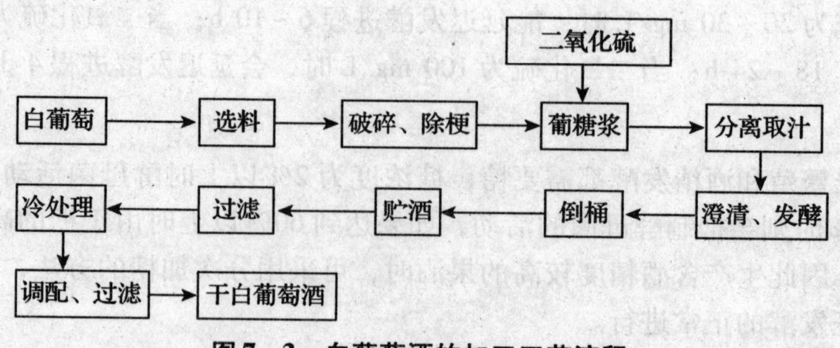

图 7 - 3　白葡萄酒的加工工艺流程

（二）操作要点

1. 选料

红葡萄酒原料以色泽深，果粒小，风味浓郁，果香典型，糖分含量高（21 g/100 mL 以上，最好达 23 ~ 24 g/100 mL），酸分适中（0.6 ~ 1.0 g/100 mL），充分成熟，糖分、色素积累到最高而酸不太低时采收的葡萄为佳，常用品种有赤霞珠（见图7 - 4）、品丽珠、梅鹿辄、蛇龙珠、法国蓝、佳丽酿。白葡萄酒原料以稍早采收，即将达成熟，具有较高的糖分和浓郁的香气、出汁率高的葡萄为优，常见的品种有雷司令（见图7 - 5）、意斯林、白羽等。

图 7 - 4　赤霞珠

为提高葡萄的平均含糖量，减轻或消除酿成酒的异味，增加酒的香味，减少杂菌，保证发酵与贮酒的正常进行，葡萄采后应随即将不同品种、不同质量的葡萄分别存放。

图 7 - 5　雷司令

2. 破碎、除梗

破碎是将果粒压碎使果汁流出的操作，要求每粒果子都破裂，但不能将种子和果梗破碎，否则种子内的油脂、糖苷类物质及果梗内的一些物质会增加酒的苦味。在红葡萄酒的酿造过程中，葡萄破碎后，应尽快地除去葡萄果梗，防止果梗中的青草味和苦涩味物质的溶出，并防止果梗固定色素而造成色素的损失。白葡萄酒加工不除梗，破碎后立刻压榨，利用果梗为助滤剂，提高压榨效果。

3. 渣汁分离和澄清

渣汁分离和澄清是白葡萄酒酿造的特有工艺。破碎后的葡萄浆提取自流汁后，压榨操作使葡萄中的葡萄汁充分地提取出来，提高葡萄的利用率。在破碎过程中自流出来的葡萄汁叫自流汁，加压之后流出来的葡萄汁叫压榨汁。为了增加出汁率，一般采用 2 ~ 3 次压榨。第一次压榨后，将残渣疏松，再二次压榨。当发现压榨汁的口味明显变劣时，即为压榨终点。用自流汁酿制的白葡萄酒，酒体柔和、口味圆润爽口。一次压榨汁酿制的葡萄酒虽也爽口，但酒体已欠厚实，一般将这两种汁分开发酵用于不同用途，有时也合并发酵。但二次压榨汁酿制的酒一般酒体粗糙，不适合酿造白葡萄酒，可用于生产白兰地。

压榨汁中的一些不溶性物质在发酵中会产生不良效果，给酒带来杂味，而澄清汁制取的白葡萄酒胶体稳定性高，对氧的作用不敏感，酒色淡，铁含量低，芳香稳定，酒质爽口。因此，白葡萄酒酿造中必须进行澄清处理，方法有添加二氧化硫静置澄清、皂土澄清法、机械离心法及果胶酶法等。

使用果胶酶澄清应按葡萄汁的混浊程度及果胶酶的活力决定其添加量，国内产的果胶酶量为 0.5% ~ 0.8%。先将果胶酶粉剂用 40 ~ 50 ℃的水稀释均匀，放置 2 ~ 4 h 后，加入葡萄汁中，搅匀并静置几小时，汁中就呈现絮状物，并不断沉于容器底部，取用上层澄清汁。

红葡萄酒连渣发酵，不进行压榨和澄清处理。

4. 二氧化硫处理

在现代葡萄酒生产中，二氧化硫有着不可取代的作用，具有杀菌、澄清、抗氧化、增酸、促进色素和单宁物质溶出、还原、使酒风味变好等作用。

二氧化硫的具体添加量与葡萄品种、葡萄汁成分、温度、存在的微生物和它的活力、酿酒工艺及时期有关。我国规定成品葡萄酒中化合态的二氧化硫限量为250 mg/L，游离态的二氧化硫限量为50 mg/L。酿制红葡萄酒时，二氧化硫应在破碎除梗后入发酵罐以前加入，白葡萄酒应在取汁后立即加入，在这以前加入会加重皮渣浸渍现象。常见发酵基质中二氧化硫浓度如表7-1所示。

表7-1　常见发酵基质中二氧化硫浓度

原料状况	发酵基质中二氧化硫的浓度/（mg/L）	
	红葡萄酒	白葡萄酒
无破损、霉变，含酸量高	30~50	60~80
无破损、霉变，含酸量低	50~100	80~100
破损、霉变	60~150	100~120

5. 成分调整

由于气候条件、葡萄成熟度、生产工艺等原因，生产的葡萄汁成分达不到工艺的要求，这就需要在发酵之前对葡萄汁进行糖度和酸度的调整。

（1）糖分的调整。提高葡萄汁的糖度，可添加浓缩葡萄汁或蔗糖。加糖时，先用少量果汁将糖溶解，再加到大批果汁中去。可结合酸分调整同时进行，酸分高者则制成糖浆加入调整酸度，反之，宜加于糖。在含糖20 g/100 mL以下的溶液中，酵母菌繁殖、发酵都较旺盛，若再增高糖浓度，其繁殖、发酵就延缓。因此，生产上酿制高酒度的葡萄酒常用分次加糖法。加糖量要以发酵后的酒精含量作为主要依据，理论上16.3 g/L糖可发酵生成1%酒精，但葡萄酒发酵还生成甘油、酸、醛等，加之酵母本身需呼吸耗糖，实际按17 g/L计算。

添加浓缩葡萄汁，一般都采用在发酵后期添加。添加时要注意浓缩汁的酸度，若加入量不影响葡萄汁酸度时，可不做任何处理；若酸度太高，需在浓缩汁中加入适量碳酸钙中和，降酸后使用。

（2）酸度的调整。适当的酸度可抑制细菌繁殖，有利于酒色和口感的改善，增加酒的贮藏性和稳定性。葡萄酒发酵以其酸度在0.8~1.2 g/100 mL为宜，若酸度低于0.5 g/100 mL，可添加未成熟的葡萄压榨汁或酒石酸和柠檬酸提高酸度。一般以酒石酸为好。加酸时，先用葡萄汁与酸混合，缓慢均匀地加入葡萄汁中，并搅拌均匀。操作中不可使用铁质容器。降低酸度可添加$CaCO_3$等降酸剂。如1 L汁中加1 g $CaCO_3$，则降酸量（以硫酸计）为1 g/L。

对于红葡萄酒，应在酒精发酵前补加酒石酸，这样利于色素的浸提。若加柠檬酸，应在苹果酸—乳酸发酵后再加。白葡萄酒加酸可在发酵前或发酵后进行。葡萄汁还可以用加含酸量高的葡萄汁、二氧化硫等方法进行间接增酸。

6. 葡萄酒酵母的培养与添加

（1）人工葡萄酒酵母的培养与添加。人工酵母一般为固体斜面试管菌种，原菌种经扩大培养后成为液体纯种酵母，再经酒母桶培养成为酒母投入生产。具体方法如下：

斜面试管菌种→麦芽汁斜面试管培养→液体试管培养→三角瓶培养→玻璃瓶（或卡氏罐）培养→酒母罐培养→酒母

培养好的酒母一般应在葡萄醪加二氧化硫后经 4 ~ 8 h 再加入，以减少游离二氧化硫对酵母的影响。酒母用量一般为 1% ~10%。

（2）活性干酵母的培养与添加。使用前先用 10 倍酵母用量的温水（30 ~ 35 ℃）或稀释葡萄汁（1/3 葡萄汁和 2/3 温水混合）将酵母溶解，经 20 ~ 30 min 后，使酵母细胞重新恢复活力，再加入发酵醪中进行发酵。活性干酵母的用量一般为 50 ~ 100 mg/L，相当于 50 000 ~ 1 000 000 个/毫升活酵母细胞。

7. 葡萄酒的发酵及其管理

1）红葡萄酒发酵

传统的红葡萄酒直接用葡萄浆带皮进行前发酵，然后进行皮渣分离和后发酵。

（1）前发酵。

前发酵又称主发酵，是指从发酵醪送入发酵容器开始，至新酒分离为止的整个发酵过程，主要目的是进行酒精发酵、浸提色素物质和芳香物质。

将处理后的葡萄浆泵入发酵容器（至容器体积的 4/5 左右，留空 1/5，预防发酵时皮渣溢出桶外），加入培养正旺盛的酒母，控制一定温度进行发酵，每天测定糖分下降状况，早晚各测量一次品温，记录并画出糖度和温度变化曲线。按品温和糖度变化状况，通常可判断发酵是否正常。发酵初期主要是酵母繁殖阶段，液面最初平静，随后有微弱、零星的二氧化碳气泡产生，表示酵母已经开始繁殖，随着酵母细胞数量逐渐增多，二氧化碳量放出逐渐增多，表示酵母已大量繁殖。通常在入池后 8 h 左右，液面即有发酵气泡。发酵初期应注意保持发酵室温度不宜低于 15 ℃，同时应注意发酵容器内空气的供应，以促进繁殖。

发酵中期，主要为酒精的生成阶段。口尝果汁，甜味渐减，酒味渐增，品温逐渐升高，有大量二氧化碳放出，皮渣上浮结一层帽盖，称为酒帽。高潮时，刺鼻熏眼，品温升到最高，酵母细胞数保持一定水平。发酵中期的管理，一是要注意降温，控制品温在 30 ℃以下。高于 30 ℃，酒精易挥发，成品的品质也会下降。高于 35 ℃，醋酸菌容易活动而导致挥发酸增高，发酵作用也要受阻碍。二是压帽，浮渣很厚与空气接触面积大，酵母数量多，因而发酵快，热量又不易散失，温度升高也快，与下面相差 5 ~ 6 ℃，好热性菌类常常大量繁殖产生挥发性酸，影响酒质。坚厚的浮渣会隔绝二氧化碳的释放，过多的二氧化碳会直接妨碍酵母正常发酵。为了防止这些情况发生，促进果皮与种子中的色素、单宁以及芳香成分浸提，必须将浮渣压没在发酵液中。

发酵后期发酵势头逐渐减弱，表现为二氧化碳放出逐渐由减弱至微弱而接近平静，品温由最高逐渐下降接近室温，糖分减少至 0.5% 以下，酒精量积累接近最高点，汁液开始澄清，皮渣、酵母开始下沉，酵母细胞逐渐死亡，即为主发酵结束。

一般前发酵时间为 4 ~ 6 d。发酵后的酒液质量要求为：呈深红色或淡红色；混浊而含悬浮酵母；有酒精、二氧化碳和酵母味，但不得有霉、臭、酸味；酒精含量为 9% ~11%

（体积分数）、残糖 0.5% 以下、挥发酸 0.04% 以下。

（2）葡萄酒和葡萄皮渣分离。

当葡萄浆相对密度降为 1.020 左右时，进行皮渣分离。如果葡萄的糖度高达 22% ~ 24%，且富含单宁及色素，则皮渣的浸提时间应适当缩短。有时在酒液相对密度降至 1.030 ~ 1.040 时，即可进行皮渣分离。

先将自流酒液从排出口放净后，清理出皮渣进行压榨，得压榨酒。自流酒液的成分与压榨酒液相差很大，若酿制高档酒，应将自流酒液单独贮存。

（3）后发酵。

在低温缓慢的后发酵过程中，前发酵原酒中残留的部分酵母及其他果肉纤维等悬浮物逐渐沉降，形成酒泥，使酒逐步澄清。

后发酵桶（罐）应尽可能在 24 h 之内下酒完毕，容器装满率一般在 95% 左右并留有 5 ~ 10 cm的空间。酒液品温控制在 18 ~ 20 ℃，每天测量品温和酒度 2 ~ 3 次，并做好记录。后发酵开始的前几天，残糖下降较快，发酵醪表面由于二氧化碳的排出，产生了一些泡沫，随着后发酵继续进行，泡沫逐步消失，液面渐渐地只出现极少的小气泡，并开始变得澄清，表明后发酵基本结束，一般葡萄酒的相对密度下降至 0.993 ~ 0.998 时，发酵基本停止。

此外，还有苹果酸—乳酸发酵。酒精发酵后的贮酒前期，有些酒中会出现二氧化碳逸出，并伴随着新酒混浊，红葡萄酒色度降低，有时还有不良风味出现，如进行显微镜检查，会发现有杆状和球状细菌，这种现象称为苹果酸—乳酸发酵。原因是酒中的某些乳酸菌将苹果酸分解为乳酸、二氧化碳和少量的丙酮酸。现代理论认为，红葡萄酒的生产应在糖分被酵母分解之后，立即使苹果酸被乳酸菌分解，要尽快完成这一过程，当酒中不再含有糖和苹果酸时，应立即除去或杀死乳酸菌，以免影响品质。

影响苹果酸—乳酸发酵的因素有温度、pH 值、酒精体积分数、二氧化硫形态等。温度在 20 ℃时，乳酸菌生长、繁殖良好，15 ℃以下则发酵受阻，5 ℃以下则不能进行；pH 值在 3.1 ~ 4.0 范围内，pH 值越高，发酵应越容易，pH 值低于 2.9 时，则不能进行苹果酸—乳酸发酵；若酒液中的酒精体积分数为 10% 以上，则苹果酸乳酸发酵受到阻碍。乳酸菌对游离态二氧化硫极为敏感，结合态二氧化硫也会影响它们的活动。在大多数温带地区，如果对原料或葡萄醪的二氧化硫处理超过 70 mg/L，葡萄酒的苹果酸—乳酸发酵就较难顺利进行；发酵结束后，对葡萄酒适量通风，有利于苹果酸—乳酸发酵的进行；将酒渣保留于酒液中，由于酵母自溶而利于乳酸菌生长，故能促进苹果酸—乳酸发酵。

是否进行苹果酸—乳酸发酵应根据葡萄酒的种类、葡萄的含酸量、葡萄的品种等综合考虑，白葡萄酒要求口感清爽，酸度较高，因此不进行苹果酸—乳酸发酵。

2）白葡萄酒发酵

白葡萄酒的发酵进程及管理基本上同红葡萄酒。不同之处是取净汁在密闭式容器中进行发酵。白葡萄汁一般缺乏单宁，在发酵前常按 100 L 果汁添加 4 ~ 5 g 单宁，有助于提高酒质。

白葡萄酒的发酵温度比红葡萄酒低，一般为 12 ~ 16 ℃。此温度下酿制的酒色泽浅，香味浓，若温度过高，则易造成芳香物质的损失。白葡萄酒的主发酵期约为 2 ~ 3 周，酒精发酵结束时，白葡萄酒控制残糖在 2 g/L 以下，而红葡萄酒可在 5 g/L 以下。白葡萄酒酒精发酵结束，应迅速降温至 10 ~ 20 ℃，静置 1 周后，倒桶除去酒脚。而红葡萄酒为了苹果酸—乳酸发酵的进行，不要降温，放置一段时间后，再分离酒脚。

8. 陈酿、澄清

新酿成的葡萄酒在促进品质改善的条件下的贮藏，称为陈酿。通过加入能沉淀悬浮物的物质，或用其他方法使酒得以澄清的操作称为澄清。陈酿和澄清在时间顺序上没有区分，往往是同时进行，而目的则有不同。陈酿是达到酒味醇和、细腻芳香的措施，澄清是获得清晰、稳定成品的手段。

一般干白葡萄酒的酒窖温度为8~11 ℃，干红葡萄酒的酒窖温度为12~15 ℃，新干白葡萄酒及酒龄在2年以上的老干红葡萄酒，酒窖温度为10~15 ℃；浓甜葡萄酒的酒窖温度为16~18 ℃。贮存相对湿度以85%为宜。贮存环境应空气清新，不积存二氧化碳，故须经常通风，通风宜在清晨进行。

葡萄酒的贮存期，一般白葡萄酒为1~3年，干白葡萄酒则为6~10个月，红葡萄酒为2~4年。

陈酿和澄清中涉及如下操作。

（1）添桶。陈酿过程中由于气温、蒸发等原因，桶中会出现酒液不满或溢出的现象。为防止葡萄酒氧化和被外界的细菌污染，须添加同质同量的酒液或排出少量酒液，保持贮酒桶内的葡萄酒装满。添桶的时间及次数，各地、各厂不尽一致，以实际情况和效果而定。

（2）倒桶。陈酿过程中，葡萄酒逐渐澄清，同时形成沉淀，故须将酒从一个容器换入另一个容器，同时采取各种措施以保证酒液以最佳方式与沉淀物分离，这种操作称为倒桶。倒桶的次数，因酒的质量和酒龄及品种等因素而异。酒质粗糙、浸出物含量高、澄清状况差的酒，倒桶次数可多些。贮存前期倒桶次数多些，随着贮存期的延长倒桶次数应逐渐减少。一般干红葡萄酒在发酵结束后8~10 d，进行第一次倒桶，去除大部分酒脚。再经1~2个月，一般在当年的11—12月，进行第二次开放式倒桶，使酒接触空气，以利于成熟。再过约3个月，即翌年春天，进行第三次密闭式的倒桶，以免氧化过度。干白葡萄酒的倒桶，必须采用密闭的方式，以防止氧化、保持酒的原有果香。

（3）下胶澄清。葡萄酒经过较长时间的贮存与多次倒桶，一般均能达到稳定透明，但是酒中的悬浮物质如色素、果胶、酵母、有机酸的钾钠盐以及果肉碎屑等，带有同性电荷，受胶体溶液阻力的影响，难于沉淀。因此常在酒中添加一种有机或无机的不溶性成分，使它与酒液中的悬浮物质相互作用而沉淀，下沉到容器底部，这种处理称为下胶澄清。

下胶处理时，葡萄酒发酵必须完全停止，没有病害，而且含有一定的单宁，下胶才有效。下胶材料所带电荷必须与酒中悬浮物的电荷不同。下胶量必须适当。下胶的材料有两大类：有机物，如明胶、蛋清、鱼胶、干酪素、单宁、橡木屑、聚乙烯吡咯烷酮（PVPP）等；无机物，如皂土、硅藻土等。较为常用的为明胶—单宁法和皂土法。

明胶与单宁作用能形成不溶性的明胶单宁酸盐络合物，而将酒中的细微悬浮物聚积下沉。按下胶实验，确定明胶和单宁的具体添加量。先将单宁溶解在少量葡萄酒中，用捣池的方法，在半小时内加入酒池中，静置24 h后，再将明胶用冷水浸泡12 h，倒去冷水，加入一定量清水，在70~80 ℃下，充分搅匀、溶化，加入酒池中。经下胶后的葡萄酒，应静置约7天，再去除酒脚。

添加皂土分两次进行，在调配前添加0.03%，调配后在冷冻桶中再加0.01%，并进行一定时间的连续搅拌，促使酒石析出。

(4) 热处理和冷处理。自然陈酿葡萄酒至少需要1~3年甚至更长时间，为加速陈酿，缩短酒龄，提高葡萄酒的稳定性，生产上常采用冷、热处理促使葡萄酒人工老熟。热处理主要使酒能较快地获得良好的风味，也有助于酒的稳定性的增强。冷处理主要是加速酒中胶体物质沉淀，有助于酒的澄清，使酒在短期内获得冷稳定性，并缓慢、有效地溶入氧气，与热处理结合，促使酒的风味得到改善。通常采用先热处理，再冷处理的工艺，效果较好。

冷处理的温度以高于其冰点0.5~1.0 ℃为宜。葡萄酒的冰点与酒度和浸出物含量等有关，可根据经验数据查找出相对应的冰点。通常酒精体积分数在13%以下的酒，其冰点温度值约为酒度值的1/2。如酒度为11%，假定其冰点为-5.5 ℃，则冷处理温度应为-4.5 ℃。冷处理时间通常以在-4~-7 ℃下冷处理5~6天为宜。

热处理通常在密闭容器内将葡萄酒间接加热至67 ℃，保持15 min；或加热到70 ℃，保持10 min即可。有人认为，无论是干型或甜型葡萄酒均以50~52 ℃、热处理25天效果最为理想；也有人试验证明，甜红葡萄酒的热处理温度以55 ℃为最好。

9. 过滤

葡萄酒的过滤有粗滤和精滤之分，通常须在不同阶段进行三次过滤。第一次过滤，在下胶澄清或调配后，采用硅藻土过滤机进行粗滤。第二次过滤，葡萄酒经冷处理后，在低温下利用棉饼过滤机或硅藻土过滤机过滤。第三次过滤，采用纸板过滤或超滤膜精滤，通常在葡萄酒装瓶前进行。

10. 包装与杀菌

葡萄酒常用玻璃瓶包装，优质葡萄酒均用软木塞封口。有的葡萄酒酒度不高，如酒精含量为10%~12%（体积分数）的甜葡萄酒，常在装瓶后进行巴氏杀菌；也可采用无菌过滤后装瓶或巴氏杀菌后趁热灌装。酒度在16%以上、糖度又不太高（如8%~16%）的葡萄酒，一般不必加热杀菌。

（三）葡萄酒的质量要求

(1) 色泽：红葡萄酒为宝石红色，清澈透明，无明显悬浮物，无沉淀；白葡萄酒为浅黄色，清澈透明，无明显悬浮物，无沉淀。

(2) 香气：具有葡萄的果香味和优雅的葡萄酒香。

(3) 风味：微酸，爽口，酒体丰满醇厚，略带涩味。

(4) 酒精度：11.0~24.0。

(5) 还原糖：4 g/L以下。

(6) 滴定酸度（以酒石酸计）：5.0~8.0 g/L。

(7) 挥发酸（以乙酸计）：≤1.1 g/L。

(8) 游离二氧化硫：≤50 mg/L。

(9) 总二氧化硫：≤250 mg/L。

(10) 铁：红葡萄酒≤8.0 mg/L，白葡萄酒≤10.0 mg/L。

(11) 干浸出物：红葡萄酒≥17.0 g/L，白葡萄酒≥15.0 g/L。

三、注意事项

(一) 葡萄酒的非生物性损害

1. 金属破败性损害

原料果品中含有一定量的金属元素，生产设备及容器所含金属也会溶解到酒中，其中以铁和铜危害最大，可使酒产生破败病。

1) 铁破败病

葡萄酒中铁的含量超过 10 mg/L，在有氧条件下，会生成蓝色不溶性化合物，使酒产生蓝色混浊，称为蓝色破败病。如磷酸盐超标，则会患白色破败病。通过防止铁离子浸入酒中及防止酒过分接触空气，使酒中保持一定二氧化硫含量，可预防铁破败病。

防治措施：对已产生铁破败病的酒，可采取明矾、鞣酸法沉淀，滤去不溶性铁化合物，或用下胶的方法，将不溶性含铁化合物除去。酒澄清后可加入二氧化硫，也可加些柠檬酸，使酒保持稳定。

2) 铜破败病

铜浸入酒液中，经过反应，产生不溶性含铜化合物，发生凝结，出现沉淀，产生铜破败病。

防治措施：可用硫化钠除去浸入酒中的铜来预防。

2. 氧化酶破败病

氧化酶的作用使果酒中的酚类化合物，特别是色素发生氧化反应，酒出现暗棕色沉淀，这种现象也称棕色破败病。

防治措施：预防此病应做好果品分选工作，去除腐烂果，果汁中添加一定量的二氧化硫并加热，以破坏氧化酶。加入维生素 C、鞣酸也可抑制酶的活性。

(二) 葡萄酒的生物性损害

葡萄酒营养丰富，微生物在低酒精的酒中容易繁殖，损害酒的质量。

1. 葡萄酒醭酵母病害

此酵母俗称酒花菌。果酒染菌时，先在酒的表面产生一层灰白色或暗黄色膜，开始时光滑、轻而薄，随后逐渐增厚，膜上产生许多皱纹，覆盖酒面。当膜破裂后，形成无数白色小片或颗粒下沉，使酒混浊，时间稍长酒的口味就变坏。在容器未装满、大量空气存在的条件下，酒花菌能大量繁殖。绝大多数酒花菌是在原料果品破碎时由果皮带入果汁中的。

防治措施：① 不让酒液表面与空气过多接触，把酒密闭贮存，注意把桶添满，并保持酒窖环境及桶内外清洁卫生；② 不满的酒桶采用充二氧化碳或二氧化硫气体的办法，使酒液与空气隔开；③ 提高贮藏原酒的酒精含量，使酒精含量达 12% 以上，或表面放一层高浓度酒精；④ 酒花菌已繁殖到酒面，可将酒花菌与酒分开，方法是把酒过滤或用玻璃漏斗插入酒中，倒入高质量的葡萄酒，使上面的酒花菌溢出桶外。

2. 醋酸菌病害

醋酸菌是果酒酿造与陈酿中的有害菌。这种菌在酒面上产生一层淡薄膜，最初透明，随后变暗，有时会出现皱纹，当薄膜部分沉入桶中时，会形成黏性的稠密物。醋酸杆菌能分解乙醇生成醋酸，遭受醋酸菌侵害的果酒有醋酸气味，挥发酸含量增高。

防治措施：① 发酵温度高、果品原料较差时，可以加入较大剂量的二氧化硫；② 在贮存时注意添桶，无法添满可采用充二氧化碳或在酒液表面加一层高浓度酒精；③ 注意酒窖卫生，定时擦桶，打扫卫生，进行环境消毒；④ 对已感染上醋酸菌的酒，采取加热灭菌，病酒在 72 ~ 80 ℃条件下保持 20 min，即可杀死醋酸菌。已存过病酒的容器重新使用时，应用碱水洗泡，洗刷干净后用硫磺杀菌。

3. 苦味菌病害

这种菌侵入酒后会使酒味变苦，苦味主要来源是甘油被分解生成丙烯醛，或是酒中形成了没食子酸乙酯。

防治措施：主要是用二氧化硫杀菌和防止发酵时温度增高太快。酒感染上苦味菌应加热灭菌，然后再采取下述方法处理。

（1）下胶处理 1 ~ 2 次。

（2）把新鲜酒脚按 3% ~ 5% 量加入病酒中，充分搅拌，沉淀后去除苦味菌。

（3）将新鲜酒脚同酒石酸 1 kg、砂糖 10 kg 溶化后混合，一齐放入 10 00 L 病菌酒中，同时接种酵母使之发酵，发酵完毕再在隔绝空气下过滤。染上苦味的酒，在换桶时不要与空气接触，因为一接触空气就会增加酒的苦味。

4. 乳酸菌病害

主要由乳酸杆菌纤细杆菌污染而引起。此菌使酒出现丝状混浊，酒桶底部产生沉淀，有轻微气体产生，具有酸白菜和酸牛奶的味道。

预防措施：① 对贮酒容器或木桶应彻底杀菌；② 向发酵液中添加足量的二氧化硫，并使用经二氧化硫培育过的优良酵母进行发酵；③ 酸度低的果酒加入酒石酸或柠檬酸，提高含酸量。

【知识和技能考查】

一、填空题

1. 果酒是以________或________为原料，经发酵酿制调配而成的各种________饮料酒。我国习惯上按果酒原料实名分类，如葡萄酒、猕猴桃酒、苹果酒、山楂酒、枣酒、梨酒等。果酒酒精含量________，________高，是饮料酒中的主要发展品种。

2. 葡萄酒是以________或________或________为原料，经完全或部分发酵酿制而成的低度饮料酒，其酒精含量不能低于________。葡萄酒的品种很多，一般按________、含糖多少、是否含________、采用的________及生产工艺等来分类，国外也有按产地、原料名称来分类的。

3. 红葡萄酒是选择________或________的酿酒葡萄，采用________混合发酵，然后进行分离陈酿而成的葡萄酒。这类酒的色泽应成________、紫红色或石榴红色等，失去自然感的红色________红葡萄酒色泽要求。

4. 白葡萄酒是选择________或________的酿酒葡萄，经过皮汁分离，取其果汁进行发酵酿制而成的葡萄酒。这类酒的色泽应近似________，________、浅黄或禾杆黄，颜色过深________白葡萄酒色泽要求。

5. 桃红葡萄酒是介于________之间，选用________的酿酒葡萄，进行皮汁短期混合发酵，达到色泽要求后进行________，继续发酵，陈酿而成的葡萄酒。这类酒的色泽是________、________或淡红色。

6. 干葡萄酒________（以葡萄糖计）≤4 g/L，品评时感觉不出________，具有洁净、爽怡、和谐怡悦的果香和酒香。由于酒色不同，又分为________、________和干桃红葡萄酒。

7. 半干葡萄酒含糖量为________，微具甜味，口味洁净、舒顺，味觉圆润并具和谐的果香和酒香。半甜葡萄酒的含糖量为________，具有甘甜、爽顺、舒愉的果香和酒香。甜葡萄酒的含糖量________，具有甘甜、醇厚、舒适爽顺的口味及和谐的果香和酒香。

8. 葡萄酒按酿造方法分类有________、________、________。

9. 葡萄酒按生产工艺分类有________、________、________。

10. 葡萄酒酿造是利用________将葡萄汁（浆）中的________经酒精发酵生成酒精，再在________、________中经酯化、氧化及沉淀作用，使之成为酒质清晰、色泽鲜美、醇和芳香的饮料酒的过程。葡萄酒发酵是以________为主体，同时受多种因素调控的复杂的生物化学变化过程。

11. 葡萄酒酵母细胞为________，________、________、蔗糖、麦芽糖、半乳糖，不发酵乳糖、D-阿拉伯糖和D-木糖等，能发酵产生酒精最高达________，转化__________酒精需17~18 g糖。

12. 酒精发酵是酵母菌在厌氧条件下发酵已糖生成__________，同时产生大量__________及少量甘油、高级醇类、酮醛类、酸类、酯类和磷酸甘油醛等许多中间产物的过程，是葡萄酒酿造最主要的阶段。其生化过程主要由两个阶段组成：第一阶段，__________，分解成__________；第二阶段，__________________________，乙醛在乙醇脱氢酶催化下被NADH还原成__________。

13. 葡萄酒酵母为__________微生物，它在有氧条件下，进行__________，产生大量能量，用于酵母菌的繁殖。只有在无氧条件下才进行发酵，产生________。环境条件直接影响酵母菌的________与__________作用。

14. 酵母菌的最适生长温度是________，发酵最适温度是________。温度在10 ℃以下，一般不发酵或酵很慢。对于红葡萄酒，发酵的最佳温度为________，而对于白葡萄酒和桃红葡萄酒，发酵的最佳温度为__________。

15. 在pH值为__________时，大部分酵母能繁殖，而杂菌受到抑制，当pH值降到________时，一般酵母停止繁殖，因此控制果汁的pH值有利于发酵安全，同时给果酒以清爽风味。

16. 发酵一般都采用________来保护发酵。葡萄酒酵母菌具有较强的抗能力。当果汁中游离二氧化硫为________时，对酵母菌没有明显作用，而对大多数有害微生物却有________作用。当二氧化硫为20~30 mg/L时能延迟发酵进程________；二氧化硫为50 mg/L时，能延迟发酵进程18~24 h；二氧化硫为________时，会延迟发酵进程4 d。

17. 红葡萄酒原料以________，果粒小，风味浓郁，果香典型，糖分含量高（________以上，最好达23～24 g/100 mL），酸分适中________，充分成熟，糖分、色素积累到________而________不太低时采收的葡萄为佳。

18. 在现代葡萄酒生产中，________有着不可取代的作用，具有________、________、抗氧化、增酸、促进色素和单宁物质溶出、还原、使________变好等作用。

19. 二氧化硫的具体添加量与葡萄________、________、温度、存在的微生物和它的活力、酿酒工艺及时期有关。我国规定成品葡萄酒中化合态的二氧化硫限量为________，游离状态的二氧化硫限量为________。

二、名词解释

1. 前发酵　2. 陈酿　3. 蓝色破败病　4. 葡萄酒酵母

三、简答题

1. 果酒的基本概念是什么?
2. 果酒是怎样进行分类的?
3. 什么是酒精发酵?
4. 怎样保证果酒酒精发酵顺利，提高果酒质量?
5. 对葡萄酒进行澄清和稳定处理的方法各有哪些?
6. 红葡萄酒和白葡萄酒的生产工艺有何不同?

四、技能题

根据学期季节，组织学生分组进行葡萄酒的加工，通过课程学习及相关资料或者进行葡萄酒厂的参观，设计加工工艺流程，选定所需设备、仪器、器皿，准备并完成葡萄酒的加工。总结制作经验，提高实际操作技能。

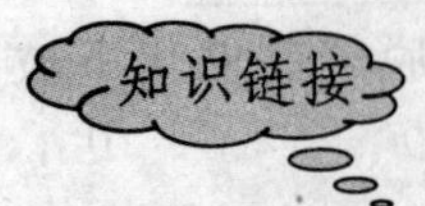

如何保存葡萄酒

保存葡萄酒最忌讳的是温度的强烈变化，如果你在店家购买的时候是处于常温之下，则在家里只要保存于常温之下即可。你若想饮用冰镇过的葡萄酒，于饮用前冰冻即可。如果你将葡萄酒储存于冰箱中，只适合存放于温度变化较小的蔬菜室内。最理想的、长期的储存环境是温度约在摄氏12～14 ℃间保持恒温，湿度在65%～80%间，保持黑暗，一般酒都放置于地下室。保持干净，以免其他异味渗入酒内。

软木塞

软木塞具有密度低、弹性佳、可伸缩性强、不渗透、抗腐坏、抗分解、抗变质等特性，可以保持葡萄酒品质经年不变。通常一般等级的葡萄酒所使用的软木塞长度约3.5～5 cm左右，比较优质的葡萄酒使用的软木塞长度多在5 cm以上。一般优质酒使用较长的软木塞，但使用长软木塞的葡萄酒并不能保证一定是优质葡萄酒。

室温

我们常听到某款酒最适合“在室温下饮用”，到底室温是指多少度呢？其实室温通常是指原产地的温度，而不是中国的室温。以法国葡萄酒而言，室温通常是指16～18 ℃度左右。对于幅员辽阔的中国而言，除了寒冬，这个温度大部分都需要冷藏方式来达到，千万不要将酒放在常温状态下，理所当然地认为那就是“室温”。

品酒杯的选择

选择适当的品酒杯才能完全品出葡萄酒的味道，品酒时所用的酒杯以郁金香型或缩口的透明酒杯为上选，可以将酒的香气集中于杯口附近，便于嗅闻判断。不要有雕花或是有其他颜色，以免对葡萄酒颜色产生错误判断。

酒并非越陈越香

葡萄酒并非是越陈越香，就像美人也有迟暮之时，之后就逐渐人老珠黄，所以葡萄酒也需要在适当的时间饮用，才能品尝出它最巅峰的风味。

储存心爱的葡萄酒

找一个阴凉的角落作为储存葡萄酒的地方，要避免强烈或异常的气味（如油漆、榴莲味）也不要太爱不释手，时时拿出来欣赏擦拭。葡萄酒最忌讳的是摇晃与光线刺激。

长期储存，平放比较好

若想将葡萄酒贮存一段时间，最好能让酒瓶平放，其目的是为了使软木塞能与酒液接触以保持浸润。如果酒瓶直立放置，软木塞会过度干燥而使空气进入从而破坏酒质。

喝不完的葡萄酒怎么处理

喝不完的酒可以换个小瓶子来保存，因为瓶中的酒越多，空气就越少，氧化就越慢，保存时间就会越久。另外，可以利用市场上出售的空气抽出器或氮气瓶，其可以使保存酒的期限延长3～5 d，甚至一个星期。虽然有这些处理方法，但还是建议越早喝完越好。

喝剩的酒还可以用来做菜，或加入其他的饮料制成鸡尾酒。

草莓果酒的制作

1）选料

选择充分成熟、色泽鲜艳、无病和无霉烂的果实为原料，去掉杂质并冲洗干净表面的泥土。

2）破碎

用破碎机将洗净的草莓破碎，并将果梗和萼片从果浆中分离出去。把果浆倒入发酵桶，每100 kg加入6% 的亚硫酸100 g，以杀灭果实表面的微生物和空气中的杂菌。

3）调糖

按生成1°酒精需要1.7 g糖的比例进行调糖，这样才能酿成10°以上的草莓果酒，因此，要先测定果浆的含糖量，不足时要加入砂糖，使每100 g果浆含糖20～25 g，酵母菌活动最适宜环境为每升果浆含果酸8～12 g，果酸不足可加柠檬酸。

4）发酵

把调好的果浆装入容器内，温度保持在25～28 ℃，1～2 天即开始发酵。过3～5 天，当残糖降至1% 时发酵结束，除去果渣，将酒液移入另一容器内。置于12 ℃的环境中贮存，通过汽化的酶化使果酒成熟，成熟期约需 1 年，中间需更换容器。

5）澄清

澄清剂可用 0.04% 的碳酸钙溶液。先将琼脂浸 3 ~ 5 h 后加热融化，至 60 ~ 70 ℃时倒入酒中，搅匀后采用过滤机过滤即可。

6）调酸

主要是调糖、酸和酒度。一般甜酒含糖量应达 12% ~ 16%，含酸 0.5%，酒精 12% ~ 14%，不足时可加入砂糖、柠檬酸和脱臭。

学习情境八　果蔬速冻品加工

工作任务　速冻玉米穗、速冻甜玉米粒加工

【情境描述】

完成速冻产品（速冻玉米穗、速冻甜玉米粒）的加工。

【作业质量要求】

掌握不同果蔬速冻加工工艺流程以及各工艺流程的操作要点，掌握速冻玉米穗、速冻甜玉米粒加工工艺流程以及各工艺流程的操作要点。

【学习目标】

掌握果蔬速冻制品的加工原理及果蔬速冻制品的质量控制，了解果蔬速冻（速冻玉米穗、速冻甜玉米粒）的工艺流程及操作要点。

【技能目标】

正确掌握速冻玉米穗、速冻甜玉米粒加工的操作技术，完成工作要求；掌握工作过程，能够熟练地完成原料清洗、修整、烫漂、速冻等；掌握速冻玉米穗、速冻玉米粒的质量检测；安全使用和维护设备。

【所需设备、工具和材料】

（1）仪器：蒸煮锅、速冻设备等。

（2）原材：乳熟期的甜玉米、糯玉米穗，水分含量在70%左右。

【相关知识】

速冻是近代食品工业中发展迅速的一种新技术，在食品保存方法中占重要地位。速冻比其他方法更能保持食品的新鲜色泽、风味和营养成分。果蔬速冻是以迅速结晶的理论为基础，在30 min或更少的时间内将果蔬及其加工品于－35 ℃下速冻，使果蔬快速通过冰晶体最高形成阶段（0～5 ℃）而冻结，是现代食品冷冻的最新技术和方法。

我国果蔬速冻工业，在加工机理和工艺方面的研究不足。而国外在深温速冻对物料的影响方面，已有较深入的研究，对一些典型物料“玻璃态”温度的研究通过建立数据库，已转入实用阶段。解冻技术对速冻蔬菜食用质量有重要影响，在发达国家，随着一些新技术逐渐应用于冷冻食品的解冻，对微波解冻、欧姆解冻、远红外解冻等机理研究和技术开发较为热门。在速冻设备方面，目前国产速冻设备仍以传统的压缩制冷机为冷源，其制冷效率有很大限制，要达到深冷就比较困难。国外发达国家为了提高制冷效率和速冻品质，大量采用新的制冷方式和新的制冷装置。以液态氮、液态二氧化碳等直接喷洒的制冷装置自20世纪80年代以后就逐渐运用到速冻机中，这些制冷装置可以使温度下降到比氨压缩机低得多的深冷程度。

一、原理

速冻的原理是采用速冻方法排出果蔬中的热量，使果蔬中的水变成固态冰晶结构，果蔬的生理生化作用得到控制，有效地抑制微生物的活动及酶的活性，从而使产品得以长期保存。

（一）速冻过程

果蔬产品的冻结，包括降温和结晶两个过程，首先是使果蔬原料品温由原始温度降到冰点，然后由液态变为固态即结冰。

1. 速冻时水的物理特性

（1）水的冻结包括降温与结晶两个过程。当温度降至冰点，排除了潜热时，游离水由液态变为固态，形成冰晶，即结冰；结合水则要脱离其结合物质，经过一个脱水过程后，才冻结成冰晶。

（2）当1 kg物质上升或下降1 ℃时，吸收或放出的热量，称为该物质的比热。水的冰点是0 ℃，而0 ℃的水要冻结成0 ℃的冰时，每千克水还要排出334.72 kJ的热量；反过来，当0 ℃的冰解冻融化成为0 ℃的水时，每千克同样要吸收334.72 kJ的热量。这称为“潜热”。

（3）水结成冰后，冰的体积比水增大约9%；冰在温度每下降1 ℃时，其体积则会收缩0.001% ~0.005%。二者相比，膨胀比收缩大。冻结时，表面的水首先结冰，然后冰层逐渐向内伸展。当内部水分因冻结而膨胀时，会受到外部冻结了的冰层的阻碍，因而产生内压，这就是“冻结膨胀压”；如果外层冰体受不了过大的内压时，就会破裂。

2. 果蔬冰点

果蔬组织细胞内含有大约75% ~95%的水分。一般果蔬冰点在 -1 ~ -4 ℃之间（见表8-1）。

表8-1　几种果蔬的冰点

种类	冰点/℃	种类	冰点/℃
苹果	-1.4 ~ -2.78	马铃薯	-1.04 ~ -1.29
梨	-1.5 ~ -3.16	甘蓝	-0.77 ~ -1.15
杏	-2.12 ~ -3.25	洋葱	-1.59 ~ -1.90
葡萄	-3.29 ~ -4.64	菠菜	-0.41 ~ -0.51
草莓	-0.85 ~ -1.08	番茄	-0.62 ~ -0.75
甜橙	-1.17 ~ -1.56	黄瓜	-0.44 ~ -0.62

3. 冰晶形成与增长

冰晶开始出现的温度即是冰点，结冰包括晶核的形成和冰晶体的增长两个过程。晶核是极少一部分的水分子有规则地结合在一起，成为结晶的核心，晶核是在过冷条件下出现的。冰晶体的增长是其周围的水有次序地不断结合到晶核上，形成大的冰晶体。

当液体处于过冷状态时，其内部形成稳定的晶核，首先冻结的是细胞间隙的游离水和含盐量低的水分，先形成晶核，而细胞内的水分仍以液态存在，以渗透作用或以蒸汽状态透过细胞膜而扩散到细胞间隙中，使冰晶体积增长。在0 ℃时纯水由液态变为固态，体积增加9%，这是因为液态水分子排列结构较固态紧密。而果蔬在其冰点温度范围内才能结冰。

（二）速冻对果蔬的影响

1. 组织结构变化

在速冻过程中，细胞间隙中的游离水一般含可溶性物质较少，其冻结点高，所以首先形成冰晶，而细胞内的原生质体仍然保持过冷状态，细胞内过冷的水分比细胞外的冰晶体具有较高的蒸汽压和自由能，因而促使细胞内的水分向细胞间隙移动，不断结合到细胞间隙的冰晶核上去，此时，细胞间隙所形成的冰晶体越来越大，产生机械性挤压，使原来相互结合的细胞分离，解冻后不能恢复原来的状态，不能吸收冰晶融解所产生的水分而流出汁液，组织变软。

果蔬在速冻过程中细胞膜透性增强，膨压降低，冰晶体的增长对细胞产生挤压使细胞组织的空间结构受到破坏；同时细胞内水分外流，原生质体中无机盐浓度增加，足以达到使蛋白质发生不可逆变性凝固，造成细胞死亡，组织解体，质地软化，品质下降。

2. 生化变化

速冻产品经过降温、冻结、冻藏和解冻后都会发生色泽、风味、质地等变化，从而影响到产品的质量。

生化变化主要是指蛋白质的变性，其变性原因是细胞液中的无机盐浓缩、脱水作用及脂肪水解产生的不稳定的游离脂肪酸，氧化产生低级的醛、酮等产物均能促进蛋白质变性；原果胶水解成果胶，造成组织结构分离，质地软化；果蔬的色泽发生不同程度的变化，叶绿素转化成脱镁叶绿素，颜色由绿色变为灰绿色。

产品中的结合水是与原生质、胶体、蛋白质、淀粉等结合的，在冻结时，水分从其中分离出来而结冰，这个也是一个脱水过程，这个过程往往是不可逆的，原生质胶体和蛋白质等分子过多失去结合水，分子受压凝集，结构破坏；或者由于无机盐过于浓缩，产生盐析作用而使蛋白质等变性。这些情况都会使这些物质失掉对水的亲和力，以后水分即不能再与之重新结合。这样，当冻品解冻时，冰体融化成水，如果组织又受到了损伤，就会产生大量流失液，流失液会带走各种营养成分，因而影响了风味和营养。

3. 酶变化

有些酶如脱氢酶在冻结时其活性受到强烈抑制。但大多数酶如转化酶、脂肪酶、脂肪氧化酶、催化酶、过氧化物酶、果胶酶等，在冻结的果蔬中仍继续有活性。故降温虽减少了生化反应的速度，但并没有使酶的活性钝化。多数酶在20 ~ 30 ℃才能完全受到抑制。多酚类物质发生酶促褐变，使产品颜色变暗。

4. 对微生物的影响

速冻对微生物的影响情况，主要取决于冻结温度及冻结速度。冻结的温度越低，微生物的损伤越大；冻结的速度越慢，微生物的损伤越大。速冻可以杀死微生物，但不是全部微生物。果蔬解冻后，残存的微生物开始活动，可造成腐烂变质。

二、加工工艺

（一）操作要点

1. 原料选择

加工速冻果蔬的原料要求用充分成熟，色、香、味能充分显现，质地坚脆，无病虫害、无霉烂、无老化枯黄、无机械损伤的新鲜果蔬作为加工原料。

2. 预冷

刚采收的果蔬，一般都带有田间热及释放的呼吸热。为确保快速冷冻，必须在速冻前进行预冷。其方法有空气冷却和冷水冷却，前者可用鼓风机吹风冷却，后者直接用冷水浸泡或喷淋使其降温。

3. 清洗

采收的果蔬一般表面都附有灰尘、泥沙及污物，为保证产品符合食品卫生标准，速冻前必须对其进行清洗，因为速冻制品食用时不再清洗，所以此次清洗非常重要，万万不可疏忽大意。洗涤除了手工清洗，还可采用洗涤机（如转筒状、振动网带洗涤机）或高压喷水冲洗。

4. 切分

速冻果蔬，有的需要去皮、去果柄或根须以及不能用的籽、筋等，并将较大的个体切分成大小一致的个体，以便包装和冷冻。切分可用手工或机械进行，一般果蔬可切分成块、片、条、丁、段、丝等形状，要求薄厚均匀，长短一致，规格统一。浆果类的品种一般不切分，只能整果速冻，以防果汁流失。

5. 烫漂

烫漂的目的是抑制果蔬酶活性，软化纤维组织，去掉辛辣、涩等味，以便烹调加工。速冻果蔬也不是所有品种都要烫漂，要根据不同品种区别对待。一般来说，含纤维素较多或习惯上以炖、焖等方式烹调的蔬菜，如豆角、菜花、蘑菇等，经过烫漂后食用效果较好。有些品种如青椒、黄瓜、菠菜、番茄等，含纤维较少，质地脆嫩，则不宜烫漂，否则会使菜体软化，失去脆性，口感不佳。烫漂的温度一般为 90 ~ 100 ℃，品温要达 70 ℃以上。烫漂时间一般为 1 ~ 5 min。烫漂后应迅速捞起，立即放人冷水冷却，使品温降到 10 ~ 12 ℃备用。

6. 沥水

切分后的果蔬，无论是否经过烫漂，其表面常附有一定水分，如不除掉，冷冻时很容易结块，既不利于快速冷冻，又不利于冻后包装，所以在速冻前必须沥干。沥干的方法很多，可将蔬菜装入竹筐内放在架子上或单摆平放，让其自然晾干；有条件的可用离心甩干机或振动筛沥干。

7. 速冻

沥干后的果蔬装盘或装筐后，需要快速冻结。力争在最短的时间内，使果蔬迅速通过冰晶形成阶段（0.5～35 ℃）才能保证速冻质量。只有冷冻迅速，菜体中的水方能形成细小的晶体，而不致损伤细胞组织。一般将去皮、切分、烫漂或其他处理后的原料，及时放入－25～－35 ℃的温度下迅速冻结，而后再包装和贮藏。

8. 包装

包装是贮藏好速冻果蔬的重要条件，其作用包括：① 防止果蔬因表面水分的蒸发而出现干燥状态；② 防止产品在贮藏中因接触空气而氧化变色；③ 防止大气污染（尘、渣等），保持产品卫生；④ 便于运输、销售和食用。包装容器很多，通常为马口铁罐、纸板盒、玻璃纸、塑薄膜袋和大型桶等。装料后要密封，以真空密封包装最为理想。包装规格可根据消费对象而定，向个人零销一般每袋装 0.5～1 kg，宾馆酒店用的可装 5～10 kg。包装后如不能及时外销，需放入－18℃的冷库贮藏，其贮藏期因品种而异，如豆角、甘蓝等可冷藏 8 个月，菜花、菠菜、青碗豆可冷藏 14～16 个月，而胡萝卜、南瓜等则可冷藏 24 个月。

（二）质量标准

1）感官标准

色泽：色泽一致，具有本品种成熟适度果蔬的色泽。

风味：具有本品种应有的鲜美芳香味，无异味。

组织状态：果皮完整，果肉组织不软烂，质嫩多汁，果型端正，果面清洁，无脱蒂、虫蛀、冻裂现象。

2）理化标准

理化标准包括速冻果蔬的糖、酸、硬度等主要营养成分及其变化情况。

3）卫生标准

卫生标准包括农药残留量、微量元素允许量及微生物指标等均需符合果蔬加工品的国家标准。

三、质量控制

速冻果蔬产品品质与生产加工过程的各个环节都有直接关系，因此需要从原料质量、冻前处理、速冻工艺到冻后包装和储运各方面进行质量控制，保证产品质量的稳定和提高。冷冻食品品质取决于原料（Product）、冻前处理和速冻加工（Process）、包装（Package）等因素，即 P. P. P，时间（Time）、温度（Temperature）、耐藏限度（Tolerance），即 T. T. T。

P. P. P 决定了速冻产品的早期质量，要求原料新鲜度、成熟度适当，微生物指标、农药残留指标、化肥指标合格；品种优良适销；在冻前处理中最关键的是烫漂适当，需要研究每个产品的最佳时间—温度组合及酶失活的判断，提高灭酶效果及降低细菌总量；在速冻加工中，要求尽可能地提高冻结速度；在包装方面，要求包装材料和包装方式选用适当，以减少冰晶升华引起的产品变质。

T. T. T 决定了速冻产品的最终质量，除了要求在硬件设备上冷链流通系统的配合与完善，同时需要研究出每个产品的最佳冻藏时间、冻藏温度、耐藏限度以及三者之间的相互联系，确定出适合不同冷链配置的不同参数组合。

【工作任务详述】

一、工作课时

本单元的理论课时为 8 课时，实践课时为 6 课时，共 14 课时。

二、工作过程

近年来国际市场速冻玉米的需求量日益增大。甜玉米和糯玉米都可作为速冻玉米的原料，二者比较，以糯玉米更方便、实惠，因为糯玉米的产量高，收获适宜期长，营养损失慢，且储藏时间也比甜玉米长。其加工的制品有速冻玉米穗、速冻玉米粒等。

速冻时有两种方法：其一是干法速冻，即将处理好的青棒直接速冻；其二是湿法速冻，即添加含有 6.5% 糖和 2% 盐的溶液再速冻，其产品比干法速冻味道好，色泽鲜。

图 8－1 速冻玉米穗

速冻玉米穗

（一）加工工艺流程

速冻玉米穗与其加工工艺流程分别如图 8－1 和 8－2 所示。

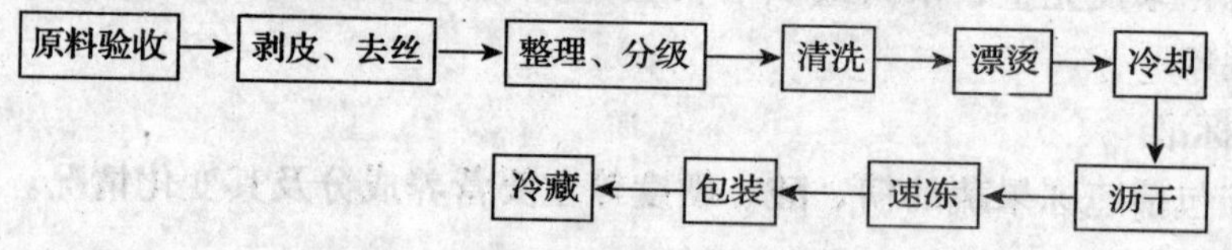

图 8－2 速冻玉米穗的加工工艺流程

（二）操作要点

1）原料验收

成熟度决定产品质量的高低，适时采收是生产关键。采收在乳熟初期，即授粉后20～22 d。授粉第 18 d 开始，测定甜玉米的水分含量，含水量在 70%～73% 时即可采收。此时玉米籽粒基本达到最大，胚乳呈糊状，粒顶将要发硬，用手掐可掐出少许浆状水。适收期糯玉米鲜穗，苞叶应为青绿色，外表无虫蛀洞，籽粒排列均匀、饱满，颜色为白色、黄色或黄白花色，秃尖、缺粒及虫蛀现象不严重。采收迟，水分、糖分转化为淀粉，甜味小，口感差。为减少营养成分的损失，一般要求采收后立即加工处理，不能在常温下过夜。

采收后要及时加工速冻，要求籽粒排列整齐，色泽以黄色品种优于白色品种，穗长以 20 cm 为宜。装箱宜轻放，装车时上层筐不可压在下层筐上。采收后立即装箱，不能在田间长留和暴晒，以保持苞叶青绿不脱水。

2）剥皮、去丝

糯玉米进厂后应放在阴凉处立即剥皮加工，严禁堆放，如果 6 小时内不能加工完必须放进 0 ℃左右的保鲜库内短时间储存。人工剥去玉米苞叶，摘除花丝，掰掉秃尖，去掉虫蛀、发霉、腐烂、缺粒、杂色、籽粒排列不紧密和过熟过嫩的原料。去除苞叶的玉米穗要轻拿轻放，装入专用筐内，经过磅计量，填写原料收购单后，进入下一工序。糯玉米清除苞叶后还可在浓度1%～1.5%的食盐溶液中浸泡1～5 h，达到调味、驱虫和冷却的效果。

3）整理、分级

将过老、过嫩、虫蛀过度及籽粒极度不整齐的玉米穗剔除，把有少许虫蛀、杂色粒的玉米穗用刀挖去虫蛀和杂色粒。用切段机或切刀切段，切段操作实行流水作业，第一操作者将尾部（粗端）切除1～2 cm，第二操作者切去尖部3～5 cm，确保切口平整，刀口周围籽粒无破碎。按要求对原料进行分级。按长度分级：18 cm以上为一级，15～17.9 cm为二级；10～14.9 cm为三级；10 cm以下为等外品。按直径分级：直径4.5～5 cm为一级；3.8～4.4 cm为二级。分别过磅记录，送下一工序。

4）清洗

经过分级的玉米穗用手工或机械去除花丝，在流水中清洗干净。清洗过程要迅速，要求玉米穗无花丝，无污渍，不能长时间在水中浸泡。除等外品送脱粒工序外，其余送下一工序。

5）烫漂

先将清水煮沸，再放入原料，保持温度95～100 ℃，时间8～10 min，之后立即捞到冷却池。烫漂可杀死部分微生物，破坏酶活性，排去组织内部分气体，减少脆性和破损粒。

6）冷却

烫漂后的玉米穗立即用流动的冷水（8 ℃以下）迅速冷却，先在10～15 ℃凉水中预冷，玉米穗由90 ℃降至30 ℃后，再放入0～5 ℃冷水中冷却至5 ℃以下。要求末端冷却池中穗的中心温度在10 ℃以下。该工序要求不断向冷却池中加入冰块，冷却完毕送下道工序。

7）沥干

将玉米穗放在周转筐内自然沥水。若长时间不入结冻间则根据需要随时喷水。

8）速冻

速冻采用流化床式速冻隧道，要求装置内气温为－30～－40 ℃，带下冷空气流速为6～8 m/s，直径4.5～5 cm的玉米穗冻结时间为8～15 min（穗中心温度在18 ℃以下）。速冻的方法有两种：一是干法速冻，即将处理好的玉米穗直接速冻；一是湿法速冻，即将玉米穗放入含有6.5%的糖和2%的盐的溶液中浸泡后再速冻。

9）包装

剔除有缺陷粒及碎粒，在－5 ℃条件下装入聚乙烯薄膜包装袋，包装后立即送冷藏库冷藏。

10）冷藏

冷藏库的温度应在－18 ℃以下，波动范围不能超过±2 ℃，否则温度波动过大会出现重结晶和冰升华，使玉米组织内部的冰晶增大而破坏细胞组织，影响产品质量。相对湿度应为95%～98%。码放时垛与垛之间要留有足够的空隙，以利空气流通。

（三）质量标准

（1）感官指标：速冻后产品的颜色应是黄色、浅黄色、金黄色或白色等，颜色要均匀一致，不允许有其他杂色籽粒及病虫粒；产品具有本品种的清香味，无其他异味，符合卫生要求；速冻玉米穗的单穗重在200 g以上，长度为15～20 cm；籽粒饱满、光洁、无残缺，排列紧密、形态一致。

（2）理化指标：黄曲霉素含量不大于 5 g/kg，氯化钠含量不大于 0.5%，铅含量不大于1 mg/kg，砷含量不大于 0.5 mg/kg。

（3）微生物指标：菌落总数不超过 3 000 个/克，不得检出致病菌。

速冻甜玉米粒

（一）加工工艺流程

速冻甜玉米粒的加工工艺流程如图 8－3 所示。

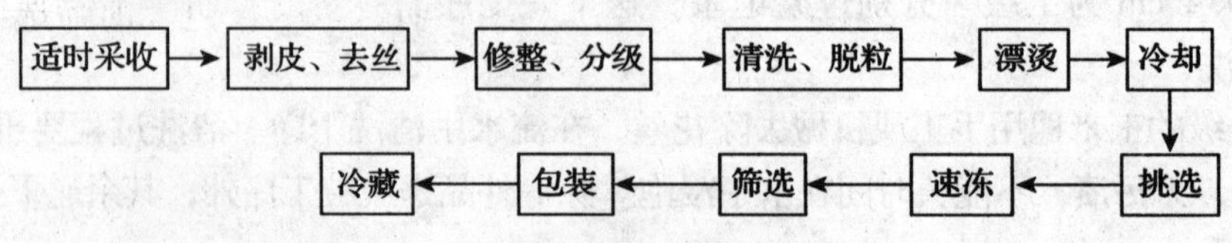

图 8－3　速冻甜玉米粒的加工工艺流程

（二）操作要点

速冻甜玉米粒加工可选用超甜玉米和加强甜玉米品种，常用的有绿色超人、湘玉超甜 1 号、粤甜 3 号、京科甜 115 号、甜单 21 号、吉甜 3 号、吉甜 6 号、超甜 2000 号、华甜玉 1 号、沈甜 2 号、美国 1 号、美国 2 号等。

1）适时采收

甜玉米的最佳采收期为乳熟期，即授粉后 20 天左右。

采收标准：玉米叶色浓绿，包叶为青绿色，花丝枯萎成茶褐色；籽粒饱满，颜色为黄色或淡黄色，色泽均匀，大小一致，排列整齐，无杂色粒、秃尖、缺粒和虫蛀现象，胚乳为黏稠乳状。

操作要求：带苞叶采收，谨慎操作，轻拿轻放，避免日晒、重压、碰撞等。要求在采收后 2 个小时内及时送到工厂加工。

2）剥皮、去丝

玉米进厂后要在阴凉处散开放置，并立即剥皮加工，从采收到加工的时间不能超过 6 h，如果在该时间内不能及时加工完毕，则必须放进 0 ℃左右的保鲜冷库内短期储存。要人工剥除甜玉米苞叶，然后去除花丝。要尽量保持清洁卫生，所有的操作要轻巧，不能有变形、破损和变色籽粒。

3）修整、分级

首先将过老、过嫩、过度虫蛀、籽粒极度不整齐及严重破损变形的甜玉米穗剔除。将有少量虫蛀、杂色粒及破损变形粒的玉米穗中的虫蛀粒、杂色粒和破损粒用刀挖出。然后按玉米穗直径分级，可根据不同的玉米品种分成 2 ~3 个等级，等级间的直径差定在5 mm 左右，这样可避免脱粒时削得不准或削得过度。

4）清洗、脱粒

将经分级的玉米穗用流动清水洗净，用专用的玉米削粒机脱粒。调整削粒机上的刀口，以刀口刚好触及玉米穗轴为准。

5）烫漂

脱粒后的玉米粒应立即进行烫漂，可用沸水或蒸汽进行。沸水烫漂一般多用夹层锅，蒸汽烫漂可用蒸车进行。加热温度为95～100 ℃，烫漂时间为5 min左右。

6）冷却

烫漂后的玉米粒应立即进行冷却，否则会影响产品质量。一般采用分段冷却的方法，首先用凉水喷淋法，将90 ℃左右的玉米粒的温度降到25～30 ℃，然后在0～5 ℃的水中浸泡冷却，使玉米粒中心的温度降低到5 ℃以下。

7）挑选

及时人工挑拣出穗轴屑、花丝、变色粒及其他杂质，以减轻包装前筛选的压力，并保证产品质量。

8）速冻

玉米粒速冻使用流化床式速冻隧道。将玉米粒平铺在传动带上，传动带下的多台风机以6～8 m/s的速度向上吹冷风，使玉米粒呈悬浮状态。机器的蒸发温度为－34～－40 ℃，冷空气温度为－26～－30 ℃，玉米粒的厚度为30～38 mm，冷冻3～5 min使玉米粒中心温度达到－18 ℃即可。速冻完的玉米粒应互不粘连，表面无霜。

9）筛选

对速冻后的玉米粒要进一步除去杂质、缺陷粒和碎粒，必要时可用0.4 cm的筛子进行筛选。

10）包装

速冻玉米粒应在－6 ℃的条件下进行包装。一般用聚乙烯塑料袋根据需要包装成250 g/袋或500 g/袋。包装后封口，并同时在封口上打印生产日期，装箱后立即送往冷藏库冷藏。

11）冷藏

冷藏库温要求在－18 ℃以下，波动范围不能超过±2 ℃。相对湿度95%～98%。码放时垛与垛要留有足够的空隙，以利空气流通和库温均匀稳定。

（三）质量标准

1）感官指标

色泽：浅黄色或金黄色。

形态：籽粒大小均匀，无破碎粒，切口整齐。

杂质：无花丝、苞叶及其他杂质。

滋味、口感：用开水急火煮3～5 min后品尝，应具有该甜玉米品种特有的滋味和甜味，香脆爽口。

2）卫生指标

铜小于或等于5.0 mg/kg，砷小于或等于0.5 mg/kg，铅小于或等于1.0 mg/kg。微生物符合商业无菌要求。

三、注意事项

速冻食品主要存在褐变和解冻后流汁的问题。

引起褐变的原因是原料选择得不适宜，前处理没有将酶杀死，贮藏过程中温度忽高忽低，贮藏时间过长。因此，要注意以下几点：① 选择市场需求量大，适宜冻藏，不易褐变的原料；② 注意控制热烫时间，保证杀死酶；③ 保持低而稳定的冻藏温度；④ 控制在保质期内的冻藏时间，及时出库。另外，出库后要按照产品说明要求及时处理、解冻、食用，可以防止汁液的流失。

【知识和技能考查】

一、填空题

1. 所谓速冻果蔬，就是将经过处理的果蔬原料，在______的温度下使之迅速冻结，然后在__________________的低温下保存待用。

2. 速冻方法有效地抑制了微生物的活动及________，从而使产品得以长期保存。

3. 速冻可以杀死微生物，但不是全部微生物。果蔬解冻后，残存的微生物开始活动，可造成______。

4. 加工速冻果蔬的原料要求用充分成熟，________能充分显现，质地坚脆，无病虫害、无霉烂、无老化枯黄、无________的新鲜果蔬作为加工原料。

5. 预冷方法有________和________，前者可用鼓风机吹风冷却，后者直接用冷水浸泡或喷淋使其降温。

6. 采收的果蔬一般表面都附有灰尘、泥沙及污物，________前必须对其进行清洗。

7. 烫漂的目的是________________________________。

8. 速冻沥干后的果蔬装盘或装筐后，需要________冻结。力争在最短的时间内，使果蔬迅速通过冰晶形成阶段（________）才能保证速冻质量。

9. 包装是贮藏好速冻果蔬的重要条件，其作用包括：① 防止果蔬因________水分的蒸发出现干燥状态；② 防止产品在贮藏中因接触空气而________；③ 防止大气污染（尘、渣等），保持产品卫生；④ 便于运输、销售和食用。包装容器很多，通常为________、纸板盒、玻璃纸、________和大型桶等。

10. 速冻果蔬理化标准包括速冻果蔬的______、______、________等主要营养成分及其变化情况。

11. 速冻果蔬卫生标准包括______、微量元素允许量及微生物指标等均需符合果蔬加工品的国家标准。

二、简答题

1. 果蔬速冻保藏的原理是什么？
2. 速冻对果蔬有哪些影响？
3. 果蔬速冻制品加工的操作要点有哪些？
4. 速冻甜玉米穗的工艺流程有哪些？

三、技能题

利用实验室现有设备、仪器等，选用新鲜、无病虫、无损失、八九成熟的草莓果作为原料完成速冻草莓的加工。

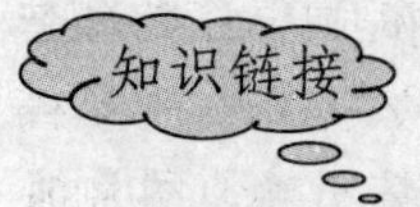

速冻菠菜

1）原料选择及整理

原料要求鲜嫩、呈浓绿色、无黄叶、无病虫害，长度约为150～300 mm。初加工时应逐株挑选，除去黄叶，切除根须。清洗时也要逐株漂洗，洗去泥沙等杂物。

2）烫漂与冷却

由于菠菜的下部与上部叶片的老嫩程度及含水率不同，因此烫漂时将洗净的菠菜叶片朝上竖放于筐内，下部浸入沸水中30 s，然后再将叶片全部浸入烫漂1 min。为了保持菠菜的浓绿色，烫漂后应立即冷却到10 ℃以下。完成后沥干水分并装盘。

3）速冻与冻藏

菠菜装盘后迅速进入速冻设备用－35 ℃冷风在20 min内完成冻结。用塑料袋包装封口，装入纸箱，在－18 ℃下冻藏。

冷库

冷库，又称冷藏库，是利用降温设施创造适宜的湿度和低温条件的仓库，是加工、贮存农畜产品的场所。冷库能摆脱气候的影响，延长农畜产品的贮存保鲜期限，以调节市场供应。

中国北方的冰窖是冷库的初级阶段。北京的北海冰窖相传建于明代，至今已沿用四五百年。19世纪中叶，世界上第一台机械制冷装置问世，利用人工制冷设备控制低温取得成功。从此冷库建筑在许多国家迅速发展，农畜产品从收获、加工到商品出售的各个环节全部实现了冷藏。中国建造现代冷库始于20世纪初。目前各大中城市已有相当数量的冷库，且其容量不断增大。此外由于气调贮藏技术的发展，还出现了气调冷库。能创造低压、高湿环境的减压冷库也正在研究设计中。

根据使用性质的不同，冷库可分为生产性冷库、分配性冷库和生活服务性冷库三类。生产性冷库是食品加工企业的重要组成部分，一般建在货源集中的地区。鱼、肉、禽、蛋、果蔬等易腐食品，经过适当加工后，送入冷库进行冷加工，然后运往消费地区进行分配。其特点是冷加工能力大，贮存物品零进整出。分配性冷库一般建在大城市或水陆交通枢纽及人口密集的工矿区，为市场供应、运输中转而贮备食品时用。其特点是冷藏容量大，冻结能力小，适宜于多种食品的贮存。生活服务性冷库是为调剂生活需要而在临时贮存食品时用，其特点是库容量小，贮存期短，品种多，堆货率低。

冷库应建在交通方便，水、电供应来源可靠的地方，库址周围应有良好的环境卫生条件，尽量避开工矿企业的有害气体、烟雾、粉尘以及来自传染病院等的污染源。肉类、鱼类等加工厂的冷库应布置在城市居住区夏季风向最小频率的上风侧，位于产地附近或商品集散方便的地方。

冷库一般由冷加工及冷藏建筑、冷加工辅助建筑、交通运输设施、管理及生活用房建筑和机房制冰间建筑等组成。冷加工及冷藏建筑统称“冷间”，包括温度在 0 ℃左右的冷却间，温度在 -23 ~ -30 ℃的冻结间，温度在 -12 ~ -20 ℃的冷藏间，以及温度在 -4 ~ -10 ℃ 的贮冰间。冷库的平面布置应路线短，不交叉，高、低温分区明确，尽量缩小围护结构的面积，柱网分布整齐，并考虑到扩建和维修方便。其平面一般成方形，多层冷库常建成哑铃式或单体式。哑铃式将高温库和低温库分为两个独立的围护结构体，中间以穿堂衔接，使用效果较好。单体式在高、低温库间用绝热墙将楼板及地面分隔开，库门与常温穿堂相连接，库门上设置空气幕，以防止库内冷空气外溢。

冷库主要用于食品的冷冻加工及冷藏，它通过人工制冷，使室内保持一定的低温。冷库的墙壁、地板及平顶都敷设有一定厚度的隔热材料，以减少外界传入的热量。为了减少吸收太阳的辐射能，冷库外墙表面一般涂成白色或浅颜色。因而冷库建筑与一般工业和民用建筑不同，有它独特的结构。

冷库建筑要防止蒸汽的扩散和空气的渗透。室外空气侵入时不但增加冷库的耗冷量，而且还向库房内带入水分，水分的凝结引起建筑结构特别是隔热结构受潮冻结损坏，所以要设置防潮隔热层，使冷库建筑具有良好的密封性和防潮隔汽性能。

冷库的地基受低温的影响，土壤中的水分易被冻结。因土壤冻结后体积膨胀，会引起地面破裂及整个建筑结构变形，严重的会使冷库不能使用。为此，低温冷库地坪除要有有效的隔热层外，隔热层下还必须进行处理，以防止土壤冻结。

冷库的楼板要堆放大量的货物，又要通行各种装卸运输机械设备，平顶上还设有制冷设备或管道。因此，它的结构应坚固并具有较大的承载力。

低温环境中，特别是在周期性冻结和融解循环过程中，建筑结构易受破坏。因此，冷库的建筑材料和冷库的各部分构造要有足够的抗冻性能。

总地来说，冷库建筑是以其严格的隔热性、密封性、坚固性和抗冻性来保证建筑物的质量的。

学习情境九　果蔬综合利用

工作任务一　番茄红素的提取

【情境描述】

将新鲜番茄中的红色素提取出来。

【作业质量要求】

（1）根据具体条件设计合适的提取工艺，确定提取的有机溶剂。

（2）熟练掌握新鲜番茄中番茄红素提取的工艺。

（3）掌握提取番茄红素加工工艺的操作要点和参数指标。

【学习目标】

掌握番茄红素提取的操作技术，理解提取番茄红素的工作原理，深入了解番茄红素提取的操作要点。

【技能目标】

正确掌握番茄红素的操作技术，完成工作要求；掌握番茄红素提取的工作过程，能够熟练地完成原料清洗、挤压、萃取等工艺，干燥后得到稳定的产品；安全使用和维护设备。

【所需设备、工具和材料】

（1）仪器、器皿：772 型可见分光光度计、冰箱、FA2004 型电子分析天平、恒温电热水浴锅、JJ－2 增力电动搅拌器、电热恒温鼓风干燥箱、微型循环水真空泵、光学电子显微镜、KDM 型调温电加热套、台式干燥箱、索式脂肪抽提器、电真空浓缩设备。

（2）试剂：乙酸乙酯、丙酮、无水乙醇、正乙烷、石油醚、甲苯、甲醇、三氯甲烷（均为分析纯）。

（3）原材：新疆番茄酱厂的废料皮渣、市售番茄酱、市售新鲜新疆产番茄。

【相关知识】

果蔬综合利用是指根据各种果蔬的各个部分所含的成分及特点，对其进行有效的利用。在果蔬制品加工过程中，大量的废次原料和下脚料如果皮、果核、果心、果汁、种子、叶、茎、根、花等含有很多有用的成分，可作为果胶、香精油、糖苷类、有机酸、活性炭、果醋酿造等加工原料使用。发达国家农产品加工企业从环保和经济效益两个角度对加工原料进行综合利用，将农产品转化成高附加值的产品。如日本、美国以及欧洲的发达国家利用米糠生产米糠营养素、米糠蛋白等高附加值产品，其增值 60 倍以上。利用麦麸开发戊聚糖、谷胱甘肽等高附加值产品，增值程度达3~5倍。美国利用废弃的柑橘果籽榨取32%的食用油和44%的蛋白质，从橘子皮中提取和生产柠檬酸已形成规模化生产。

随着科学技术的发展，合成色素对人体的危害已日益引起人们的警觉。因此目前世界各国使用合成色素的品种和数量日趋减少，而天然色素不仅使用安全，且还具有一定的营养或药理作用，深受消费者的信赖和欢迎。合成色素逐渐被天然色素所取代已是大势所趋，开发安全可靠的天然色素对保障人民健康和促进食品工业的发展都具有十分重要的意义。

番茄红素（见图9－1）由于最早从番茄中分离制得，故称番茄红素。近年的研究证实，番茄红素不仅存在于番茄中，还存在于西瓜、李子、柿子、桃、木瓜、芒果、番石榴、葡萄、红莓、云莓、柑橘等果实中和茶的叶片及萝卜、胡萝卜、芜菁、甘蓝等的根部。人体无法制造番茄红素，所需番茄红素需从膳食中摄取，吃一个生番茄只能吸收0.05 mg的番茄红素，吃一粒番茄红素相当于吃15个生番茄。番茄及其制品番茄红素是西方膳食中类胡萝卜素最主要的来源，人体从番茄中获得的番茄红素占总摄入量的80%以上。番茄红素的抗氧化能力是胡萝卜素的3.2倍，是维生素E的100倍。目前只有以色列和中国掌握了番茄红素的开发和研究技术。

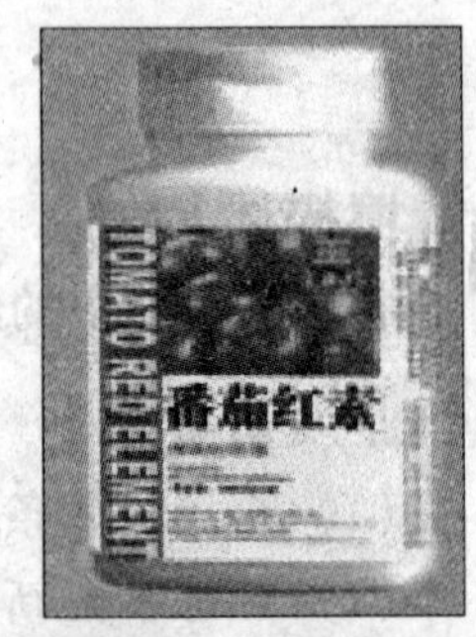

图9－1 番茄红素

一、番茄红素对人体的益处

番茄红素是类胡萝卜素的一种，是一种很强的抗氧化剂，具有极强的清除自由基的能力，对防治前列腺癌、肺癌、乳腺癌、子宫癌等有显著效果，还有预防心脑血管疾病、提高免疫力、延缓衰老等功效，有植物黄金之称，被誉为“21世纪保健品的新宠”。具体来说，其对人体的益处主要表现在以下方面。

（1）预防和抑制癌症。最新研究成果表明，每天摄取30 mg番茄红素，可以达到预防前列腺癌、消化道癌以及膀胱癌等多种癌症的效果。血液中的番茄红素水平与前列腺癌、消化道（食管、胃、结肠、直肠）癌、宫颈癌、乳腺癌、胰腺癌、膀胱癌、皮肤癌的发生率呈负相关关系，尤其对前列腺癌的预防和抑制作用更为明显。番茄红素的天然抗突变能力，能刺激淋巴细胞大量释放肿瘤抑制因子，诱导细胞间隙调控生长信号，促使恶变组织失去营养源而逐步萎缩和消失。

（2）保护心血管。在动脉粥样硬化的发生和发展过程中，血管内膜中的脂蛋白氧化是一个关键因素。番茄红素在降低脂蛋白氧化方面发挥着重要作用。

（3）抗紫外线辐射。番茄红素能对抗紫外线损伤。

（4）促进组织修复。

（5）抑制诱变作用。肿瘤生成的重要机制之一是组织细胞在外界诱变剂的作用下发生基因突变，而番茄红素能阻断这个过程，发挥抗癌作用。如地中海地区居民在煎烤鱼和肉时使用番茄酱，减少了烹调过程中杂胺等诱变剂的形成。所以虽然当地居民喜食易致癌的煎烤食物，但是宫颈癌、前列腺癌以及肝癌的发病率却很低。

（6）增强免疫力，延缓衰老。番茄红素可以最有效地清除人体内的自由基，保持细胞正常代谢，预防衰老。番茄红素在体内通过消化道黏膜吸收进入血液和淋巴，分布到睾丸、肾上腺、前列腺、胰腺、乳房、卵巢、肝、肺、结肠、皮肤以及各种黏膜组织中，促进腺体分泌激素，从而使人体保持旺盛的精力，并且清除这些器官和组织中的自由基，保护它们免受伤害，增强机体免疫力。番茄红素猝灭单线态氧的能力最强，可以通过猝灭单线态氧预防脂类过氧化反应，保护细胞免受自由基的损伤。番茄红素还具有抗衰老作用。

（7）番茄红素可大大改善皮肤过敏症，消除因皮肤过敏而引起的皮肤干燥和瘙痒感。

（8）番茄红素大量存在于体内各种黏膜组织中，长期服用可以改善因体内黏膜组织破坏而引发的各种不适，如干咳、眼睛干涩和口腔溃疡，保护胃肠道黏膜组织。

（9）番茄红素还具有极强的解酒作用。酒精在人体内的代谢过程主要是氧化还原反应，会产生大量的自由基。喝酒前服用番茄红素，解酒效果显著，可以减轻酒精对肝脏的损伤；而醉酒后服用，可以减轻头痛、呕吐等醉酒症状。

（10）番茄红素还具有预防骨质疏松、降血压、减轻运动引起的哮喘等多种功能。

二、番茄红素的提取方法

目前，番茄红素的提取方法主要有有机溶剂浸提法、酶反应法、超临界流体萃取法、微波辐射萃取法、超声波萃取法、微生物发酵法和化学合成法等。

1）有机溶剂浸提法

此方法直接用有机溶剂浸提原料，提取液经过滤、浓缩等步骤得到粗品。

2）酶反应法

在微碱性条件下（pH 值 7.5 ~ 9.0），番茄皮中的果胶酶和纤维酶反应，分解果胶和纤维素，使得番茄红素的蛋白质复合物从细胞中溶出，所得色素为水分散性色素。还可以通过外加果胶酶和纤维酶的方法来提取番茄红素，即在番茄原料中加入 0.1% 的果胶酶或纤维酶，50 ℃条件下处理 3.5 h。用果胶酶和纤维酶混合作用时，果胶酶的加入量为 0.04%，纤维酶的加入量为 0.07%，作用时间为 2.5 h，提取时间为 4 h。

3）超临界流体萃取法

超临界流体萃取技术是食品工业新兴的一项萃取、分离和纯化技术。它利用超临界流体作为萃取剂，从液体或固体物料中萃取、分离和纯化物料。与传统的化学溶剂萃取法相比，其优越性包括：无化学溶剂消耗和残留，无污染，避免萃取物在高温下的热裂解，保护生理活性物质的活性，工艺简单，能耗低，萃取剂无毒且易回收。

4）微波辐射萃取法

微波是一种频率在 300 ~ 300 GHz 之间的电磁波，它具有波动性、高频性、热特性和非热特性四大基本特征。微波的热效应是基于物质的介电性质和物质的内部不同电荷极化不具备跟上交变电场的能力来实现的。与传统的索氏法提取相比，微波法提取的最大优点是提取时间大大缩短，且提取率较高；而与超临界流体萃取相比，成本低，投资少，提取效率高。微波辐射萃取番茄中番茄红素的最佳工艺条件是：提取溶剂为 64 溶剂油，功率 200 W，萃取时间 80 s，液固比（mL/g）2∶1，二次提取，番茄红素的提取率为 97.56%。目前此法仅适于实验室操作，进行工业化生产难度较大。

5）超声波萃取法

超声波是频率高于20 kHz，并且不引起听觉的弹性波。现普遍认为，空化效应、热效应和机械作用是超声波技术在色素提取中的三大理论依据。

（1）空化作用。液体中往往存在一些真空的或含有少量气体或蒸汽的小气泡，这些小气泡尺寸不一。当一定频率的超声波作用于液体时，只有尺寸适宜的小气泡能发生共振现象，大于共振尺寸的小气泡被驱出液体外，小于共振尺寸的小气泡在超声波作用下逐渐变大。接近共振尺寸时，声波的稀疏阶段使小气泡迅速胀大；在声波的压缩阶段，小气泡又突然被绝热压缩，直至湮灭。湮灭过程中，小气泡内部可达几千度的高温和几千个大气压的高压，上述现象称为空化现象。

（2）热效应。由于介质吸收超声波以及内摩擦消耗，分子产生剧烈振动，超声波的机械能转化为介质的内能，引起介质温度升高。超声波的强度越大，产生的热作用越强。控制超声强度，可使果蔬组织内部的温度瞬间升高，加速有效成分的溶出，并且不改变成分的性质，这即为热效应。

（3）机械作用。超声波是机械振动能量的传播，可在液体中形成有效的搅动与流动，破坏介质的结构，粉碎液体中的颗粒，能达到普通低频机械搅动达不到的效果。机械作用常用于击碎、切割、凝集等方面。

与常规的提取法相比，超声波萃取法具有实验设备简单，操作方便，产率高，无须加热等特点。影响超声提取效果的主要因素是超声波频率、超声波功率、超声时间和超声溶剂。

6）微生物发酵法

除了从番茄中提取番茄红素外，还可以采用藻类和真菌及酵母发酵生产番茄红素，红色细菌含番茄红素较高。在利用此法生产番茄红素的过程中最要防止番茄红素发生环化反应，方法是在发酵的过程中加入一些杂环化合物如咪淀、咪畦或烟碱等。

【工作任务详述】

一、工作课时

本单元的理论课时为3课时，实践课时为4课时，共7课时。

二、工作过程

番茄红素的提取

（一）加工工艺流程

番茄红素提取的加工工艺流程如图9-2所示。

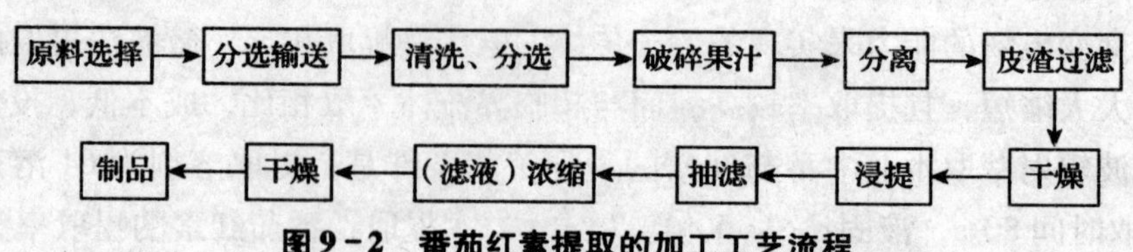

图9-2　番茄红素提取的加工工艺流程

（二）操作要点

（1）原料选择。番茄中的色素含量与品种、生长发育阶段、生态条件、栽培技术、采收手段及贮存条件等有密切联系。应当从市场上挑选新鲜、成熟度好、大小均匀的番茄，洗涤、沥干并将其适当地破碎。

（2）浸提。以三氯甲烷作为溶剂提取番茄红色素，向破碎后的番茄中加入原料重量90%的三氯甲烷，用盐酸调节 pH 值至 6，在 25 ℃下提取 15 min，然后过滤得到番茄红色素提取液。

（3）浓缩。提取液在 45 ℃、67 kPa 真空度下进行浓缩，得到膏状产品并回收溶剂。

（4）干燥。膏状产品真空干燥后可得到番茄红色素制品。

（5）微胶囊包装。微胶囊技术是指利用成膜材料将固体、液体或气体囊于其中，形成直径几十微米至上千微米的微小容器的技术。微小容器被称为微胶囊。器壁被称为壁材或壳材，而其内部包覆的物质则称为芯材或囊芯。含固体的微胶囊形状一般与固体相同，含液体或气体的微胶囊的形状一般为球形。从不同的角度出发，微胶囊有多种分类方法：从芯材来分，分为单核和复核微胶囊；从壁材结构来分，分为单层膜和多层膜微胶囊；从壁材的组成来分，分为无机膜和有机膜微胶囊；从透过性来讲，分为不透和半透微胶囊（半透微胶囊通常也称为缓释微胶囊）。微胶囊具有保护物质免受环境的影响，降低毒性，掩蔽不良味道，控制核心释放，延长存储期，改变物态从而便于携带和运输，改变物性使不能相容的成分均匀混合，易于降解等功能。这些功能使微胶囊技术成为工业领域中有效的商品化方法。

（三）番茄红素含量和提取率的测定

1）番茄红素含量的测定

称取 0.1 ~0.2 g 试样，精确至 0.0 002 g，置于小烧杯中，用甲醇洗杂，甲苯定容至 50 mL，采用分光光度计测定样品在 485 nm 处的吸光度，根据标准曲线计算番茄红素的含量。公式为：

$$X=(5\times N)/W \qquad (9-1)$$

式中：X——试样中番茄红素的含量，mg/100 g；

N——色素提取液中番茄红素的浓度，μg/mL；

W——试样质量，g。

2）番茄红素提取率测定

向一定试样中加入有机溶剂，提取，过滤，测其体积并精密量取 2 mL 置小烧杯中，待溶剂挥发干后用甲醇洗杂，并用甲苯定容至 50 mL，测其吸光度值，计算提取液中番茄红素的总量，按公式计算提取率：

$$提取率（\%）=(M_n/M)\times 100\% \qquad (9-2)$$

式中：M_n——提取液中番茄红素总量，mg；

M——原料中番茄红素总量，mg。

三、注意事项

（1）新鲜番茄皮中的番茄红素含量比番茄酱和新鲜番茄果肉中番茄红素的含量都高很多。

（2）搅拌浸提的提取率明显高于不搅拌浸提的提取率。

（3）采用丙酮的浸提效果最好。

（4）番茄红素提取率随时间的增加而显著增高，当水浴加热时间达到 110 min 时，提取效果最好，之后随着时间的延长，提取率逐渐减少。

（5）温度对浸提效果影响显著，提取温度在 20～40 ℃之间时，提取率从 27.721 3% 上升到 56.103 4%。

（6）当液料比（mL/g）达到 8∶1 时，即可以把大部分番茄红素浸提出来，之后随着溶剂量的增加，提取率提高不大。

（7）在实验中提取三次即可将大部分番茄红素提取出来。

（8）过滤是提取番茄红色素的关键工序之一，若过滤不当，成品色素会出现混浊或产生沉淀，将严重影响色素溶液的透明度，影响产品的质量和稳定性。

（9）真空减压浓缩的温度控制在 60 ℃左右，而且也可阻隔氧气，有利于产品的质量稳定，切忌用火直接加热浓缩。

（10）包装材料应选择轻便、牢固、安全、无毒的物质。

【知识和技能考查】

一、填空题

1. 近年的研究证实，番茄红素不仅分布在番茄中，还存在于________、________、________、________、________、________、________、________、________、柑橘等果实中。

2. 番茄红素由于最早从________中分离制得，故称番茄红素。番茄红素的抗氧化能力是胡萝卜素的________倍，是维生素 E 的________倍。人体无法制造番茄红素，所需番茄红素需从膳食中摄取，吃一个生番茄只能吸收 0.05 mg 的番茄红素，吃一粒番茄红素相当于吃________个生番茄。

3. 番茄红素是________的一种，是一种很强的________________，具有极强的清除________的能力。番茄红素可大大改善皮肤________，消除因皮肤过敏而引起的皮肤干燥和瘙痒感。

4. 番茄红素的提取方法主要有________、________、________、微波辐射萃法、________、________和化学合成法等。

5. 有机溶剂浸提法直接用有机溶剂浸提原料，提取液经________、________等步骤得到粗品。

6. 在微碱性条件下（pH 值________），番茄皮中的________和________反应，分解果胶和纤维素，使得番茄红素的蛋白质复合物从________中溶出，所得色素为水分散性色素。

7. 超临界流体萃取技术是食品工业新兴的一项________、________和________技术。其工艺简单、________，萃取剂无毒且________。

8. 微波是一种频率在________ ~ ________之间的电磁波，它具有________、________、________和________四大基本特征。

9. 除了从番茄中提取番茄红素外，还可以采用藻类和真菌及________发酵生产番茄红素，红色细菌含番茄红素较________。

10. 番茄中的色素含量与________、________、生态条件、栽培技术、采收手段及贮存条件等有密切联系。应当从市场上挑选________、________大小均匀的番茄，洗涤、沥干并将其适当地破碎。

11. ________番茄皮中的番茄红素含量比番茄酱和新鲜番茄果肉中番茄红素的含量都________很多。

二、名词解释

1. 有机溶剂浸提法　2. 酶反应法　3. 超临界流体萃取法　4. 微波辐射萃取法　5. 超声波萃取法　6. 微生物发酵法

三、简答题

1. 番茄红素存在于哪些果蔬中？
2. 番茄红素对人体的益处有哪些？
3. 番茄红素的提取方法主要有哪些？每一种的方法的特点有哪些？
4. 提取番茄红素的操作要点主要有哪些？
5. 提取番茄红素的注意事项有哪些？

四、技能题

根据课程学习中掌握的番茄红素提取的知识并查阅资料，设计类胡萝卜素色素的提取工艺。

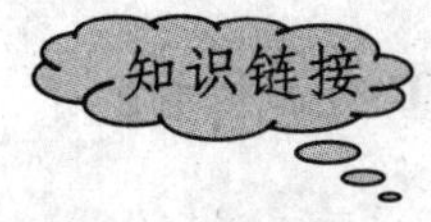

山楂红色素的提取

1. 山楂红色素的提取步骤

山楂红色素的提取步骤如下：① 选择成熟、无虫、无腐烂的果实，洗净，机械破碎（破碎度以每个果破成八瓣为宜）；② 加入50 ℃的温水浸泡（0.1%盐酸 +95%乙醇）4 h，中间不断搅拌；③ 将抽提液过滤，将滤液送入真空浓缩锅中，在40 ~ 50 ℃下真空浓缩。

2. 山楂红色素提取中应注意的问题

山楂红色素是一种热不稳定色素。根据试验，山楂红色素在盐酸—乙醇中，加热至 60 ℃、时间为 120 min 时，颜色开始减退。特征均为颜色向砖红色转化，并有砖红色沉淀出现，溶液变得混浊。山楂红色素的稳定温度上限为 50 ℃。

山楂红色素为花青素类物质，由于山楂果实中果胶含量较高，需用乙醇作为提取液，以得到最小的果胶提取量和最大的色素提取量。

酸枣红色素的提取

1. 酸枣红色素的提取步骤

酸枣红色素提取步骤如下：① 将酸枣皮用水冲洗干净，再用蒸馏水冲洗，滤出多余水分；② 浸泡于2%的氢氧化钠或5%的碳酸钠溶液中，加热煮沸数分钟；③ 用 80 目和 200 目的尼龙筛过滤，除去滤渣；④ 用稀盐酸调 pH 值至 7 ~ 8；⑤ 加入氯化钙溶液至沉淀完全，并加热老化沉淀；⑥ 将老化好的沉淀用定性滤纸过滤，并用蒸馏水洗涤沉淀至无氯根；⑦ 将洗涤好的沉淀物平放在瓷盘上，于 105 ~ 110 ℃ 的烘箱中干燥或无灰尘的条件下自然干燥并粉碎；⑧ 通过 140 目的尼龙纱后即为成品酸枣红色素。

2. 酸枣红色素提取中应注意的问题

1）提取溶剂的选择

酸枣皮中的色素不溶于酸和醇，微溶于热水，易溶于碱类，因此选用 5% 的碳酸钠或 2% 的氢氧化钠溶液作为提取溶剂。用碳酸钠溶液提取，由于在调 pH 值的过程中逸出二氧化碳气体，给操作带来不便，但加入沉淀剂后，沉淀速度快，易于过滤、洗涤，色素沉淀松散，易于干燥、粉碎、过筛。用氢氧化钠溶液提取，调 pH 值时因不逸出二氧化碳气体，操作顺利，但加入沉淀剂后生成的色素暗，不易过滤、洗涤、干燥。

2）pH 值对提取率的影响

随溶液 pH 值的增大，色素提取率明显提高，提取酸枣红色素的最佳 pH 值为 7 ~ 8。

3）酸枣红色素的热稳定性

色素用于食品加工中，应具有较好的耐热性。试验结果表明，在 100 ℃ 内加热有利于色素的显色，但在煮沸的情况下再持续加热，会使颜色变浅。

葡萄红色素的提取

紫色葡萄的皮中含有非常丰富的红色素，酿酒后的葡萄皮渣，特别是酿造白葡萄酒时的皮渣，可用于提取红色素。将葡萄皮渣清洗干净，放在陶瓷缸中，加入 1.5 倍量的 70% 的酒精，以及适量的柠檬酸或酒石酸，搅拌均匀，使 pH 值至 3 左右，搅拌提取 4 ~ 5 h，过滤并收集滤液。将滤液真空浓缩成胶状物，喷雾干燥即得到成品色素。

葡萄皮色素在 pH 值为 3 时呈红色，pH 值为 4 时则呈紫色，其稳定性随 pH 值的降低而增加。因此该色素可作为高级酸性食品的色素用于果冻、果酱、饮料等的着色，其特点是着色力强，效果好。

目前生产上常采用酶法从葡萄皮渣中提取色素，具体方法如下：红色素用二氧化硫进行提取，再用果胶酶和淀粉酶处理除去固体物质，最后用乙醛进行澄清，使色素液得到纯化。例如，红葡萄渣与3份水在71 ℃下混合后，加入二氧化硫，使二氧化硫浓度达1 200 mg/kg；15 min后，通过加压过滤回收，得到一种原始提取液；用100～150 mg/kg的果胶酶和250 mg/kg的淀粉酶对原始液处理4～14 d便获得原色素提取液；要获得食用级着色液，需再加入双氧水除去二氧化硫，使其浓度从1 200 mg/kg降至100～350 mg/kg，加入硫酸（4.7 L/3 786 L）提取液，混合5 min后，在37.7 ℃下加入500 mg/kg的乙醛，处理过的提取液再经亲水性离子交换树脂处理，色素即黏附在离子交换树脂上，杂质用液体洗去。将树脂用乙醇和水洗脱，可获得略带紫色的纯色素液。

此外，也可以采用超滤技术从葡萄渣中提取色素。

工作任务二　苹果中膳食纤维的提取

【情境描述】

提取苹果中的膳食纤维，并能将其进一步加工。

【作业质量要求】

（1）掌握苹果膳食纤维提取的方法及工艺。

（2）熟悉苹果膳食纤维提取的操作要点及条件。

（3）提取的苹果膳食纤维色泽均匀，有苹果清香。

（4）提取的苹果膳食纤维为膨松粉末状，无肉眼可见外来杂质。

（5）提取的苹果膳食纤维的理化指标符合要求。

【学习目标】

掌握苹果中膳食纤维的特点及加工工艺，熟悉提取苹果中膳食纤维的操作要点。

【技能目标】

掌握苹果中膳食纤维提取的工艺及操作要点，达到产品的质量要求；能够熟练地提取其他果蔬中的膳食纤维；正确地进行工艺状态的检查，合理地调整工艺，正确使用和维护加工设备；掌握安全操作规程。

【所需设备、工具和材料】

（1）仪器、器皿：恒温水浴锅、台式干燥箱、离心机、旋转蒸发仪、真空干燥箱、旋转真空泵、电子天平、分析天平、负压远红外干燥机、高速万能粉碎机、pH计。

（2）试剂：食用柠檬酸、固体氢氧化钠、无水乙醇、α-淀粉酶、氨水。

（3）原材：果形端正、果肉丰腴、果实成熟度高的新疆红富士。

【相关知识】

我国是世界上最大的苹果生产国和消费国，苹果种植面积和产量均占世界总量的40%以上，在世界苹果产业中占有重要地位。我国有黄土高原、渤海湾、黄河故道和西南冷凉高地四大苹果产区。根据气候和生态适宜标准，黄土高原产区和渤海湾产区是我国苹果生产的最适宜产区，两个区域苹果栽培面积分别占全国的44%和34%，产量分别占全国的49%和31%，两地出口量占全国的90%以上。黄河故道产区属于苹果生产的次适宜区。西南冷凉高地苹果生产规模小，产业基础差，无法满足苹果生产优势区域的要求。

虽然我国有着丰富的苹果资源，但苹果主要用于鲜食，加工率极低，因此苹果加工是我国苹果资源合理利用的重要课题。苹果加工一方面可以解决苹果鲜销市场卖果难的问题；另一方面可以实现加工增值。1996年世界苹果平均转化率为24%，很多发达国家转化率已达50%，而目前我国的苹果转化率不到8%，远远低于世界平均水平，因此我国开展苹果深加工有很大的潜力。

研究表明，苹果膳食纤维中高活性纤维的比例远大于谷物纤维，苹果废渣中蛋白质、淀粉等物质的含量较低，易于得到高纯度纤维产品，使加工提取工艺简单化。苹果废渣干燥保存后，可在苹果的非收获季节加工纤维产品。另外，纤维产品的生产设备比较简单，一般果蔬加工厂的设备经改造后即可生产膳食纤维，在苹果加工的淡季用已有的设备生产纤维产品，既可使设备得到进一步利用，又可解决闲散劳动力就业，创造新价值，带来可观的经济效益。

一、膳食纤维概述

膳食纤维是健康饮食不可缺少的，在保持消化系统健康方面扮演着重要的角色。膳食纤维可以清洁消化壁和增强消化功能，同时可稀释和加速食物中的致癌物质和有毒物质的移除，保护脆弱的消化道和预防结肠癌。膳食纤维可减缓消化速度和最快速排泄胆固醇，所以可让血液中的血糖和胆固醇控制在最理想的水平。此外，摄取足够的膳食纤维也可以预防心血管疾病、癌症、糖尿病以及其他疾病。

膳食纤维主要存在于农产品及食品加工过程中的下脚料和废弃物中，如果渣（皮）、蔬菜渣、食用菌下脚料等果蔬类及小麦麸皮、豆渣、荞麦皮、米糠等谷物类。以苹果渣为例，干燥滤渣中总膳食纤维占70%，其中水溶性膳食纤维占到15%，水不溶性膳食纤维占到55%，含量非常高。因此，研究生产膳食纤维实际上是研究农副产品综合利用，既延长了产业链，又提升了农产品附加值，其意义重大。

（一）膳食纤维的概念和分类

膳食纤维主要是指不能被人类胃肠道中消化酶所消化且不能被人体吸收利用的多糖，主要来自植物细胞壁的复合碳水化合物，也可称为非淀粉多糖。其主要成分包括纤维素、半纤维素、果胶、树胶、木质素、抗性淀粉等。

根据溶解性不同，膳食纤维可分为总膳食纤维、水溶性膳食纤维和水不溶性膳食纤维；根据生产原料不同，膳食纤维可分为谷物类膳食纤维和果蔬类膳食纤维等。

（二）膳食纤维的生理功能

以往研究已表明，膳食纤维能够平衡人体营养，调节机体功能，与传统的六大营养素

（蛋白质、脂肪、碳水化合物、水、矿物质、维生素）并称为“七大营养素”。其对人体健康有如下益处。

1. 促进肠道蠕动，预防肠道疾病

膳食纤维在肠道中吸收和保持水分形成高黏度的溶胶或凝胶，易于产生饱腹感，抑制进食量，防止热量过多摄入，对防止肥胖有较好的作用；同时可刺激肠道蠕动，缩短食物残渣通过肠道的时间，降低结肠憩室、肠道癌和痔疮等症的发病率。

2. 降低血压

膳食纤维对阳离子有结合和交换功能，可与钙、锌、铜、铅等离子进行交换，对消化道 pH 值、渗透压及氧化还原电位产生影响，形成一个理想的缓冲环境，降低血液中的钠钾比，从而降低血压。

3. 降低血脂，防止心脑血管疾病

膳食纤维可部分阻断胆汁酸在肠内吸收，增加胆固醇的排出量，有利于降低血清胆固醇液浓度，预防高血脂症，从而可降低冠心病和脑血管等病的发病率。

4. 降低血糖，防止糖尿病

膳食纤维在胃肠道中形成一种网状黏膜，使食物与消化液不能充分接触，使葡萄糖吸收减慢，从而降低餐后血糖水平，改善葡萄糖耐量，起到防止糖尿病作用。

5. 增强人体免疫功能

膳食纤维不能被人体消化酶分解吸收，但却是有益细菌的重要能量来源，能够促进双歧杆菌等有益菌的增殖，抑制腐败菌生长，并可刺激抗体的产生，从而增强人体免疫功能。

二、利用苹果原料开发膳食纤维保健食品

苹果榨汁后制成的干制品中含有大量苹果纤维，纤维总含量为 70 g/100 g，水溶性膳食纤维为 8 g/100 g。其产品淡黄且色泽均匀；呈膨松粉末状，无肉眼可见外来杂质；具有苹果特有的淡香味；无异味，入口咀嚼后很快软化，食后无不良感觉。实验证实，若以果渣为原料制备膳食纤维，其获得率一般在 60% 以上。

苹果膳食纤维存在于苹果废渣中，干燥后易保存，可在苹果非收获季节加工纤维产品；由于纤维产品的生产设备比较简单，一般水果加工厂的设备经改造后即可生产苹果膳食纤维，因此在苹果加工的淡季可以用已有的设备生产纤维产品，使工厂的设备得到进一步利用，又可解决剩余劳动力问题，创造新价值，给企业带来可观的经济效益。

同时，膳食纤维产业的发展对提高农产品的综合利用率，减少污染，增加食品种类，改善国民膳食结构以及提高人民健康水平具有重大意义，因此开发膳食纤维保健食品具有广阔的市场前景和良好的经济效益。

【工作任务详述】

一、工作课时

本单元的理论课时为 3 课时，实践课时为 4 课时，共 7 课时。

二、工作过程

苹果中膳食纤维的提取

（一）加工工艺流程

提取苹果中膳食纤维的加工工艺流程如图9－3所示。

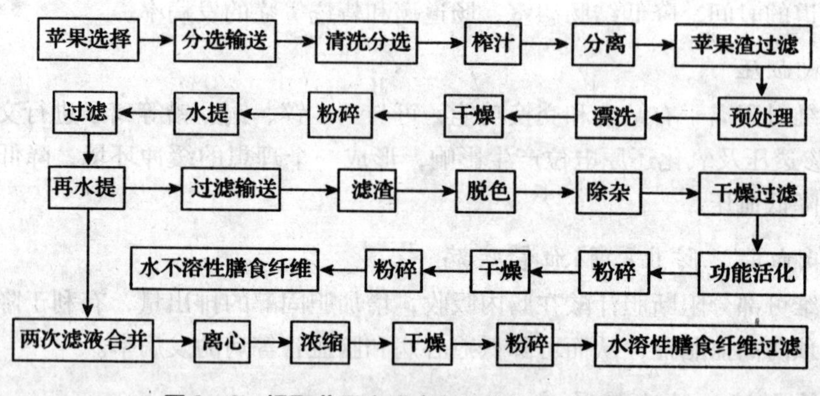

图9－3　提取苹果中膳食纤维的加工工艺流程

（二）操作要点

1. 原料预处理

苹果刚榨完汁后得到的苹果渣中水分约占总质量的75%左右，极易腐败变质，需在65～70 ℃条件下烘干备用。

2. 漂洗

苹果渣中所含的成分，如糖苷、淀粉、芳香物质、色素、酸类和盐类等需漂洗干净，以免影响产品的品质。因此苹果渣首先需要进行浸泡漂洗以软化纤维，同时，初步洗去残留在苹果渣表面的可溶性杂质。浸泡时不断搅拌，浸泡水量控制在苹果渣质量的10～20倍。温度和时间应严格控制，浸泡水温过高、时间过长会增大可溶纤维的损失，反之则起不到作用。通常水温最高不超过35 ℃，时间0.5～1 h为宜，同时加入淀粉酶，使苹果渣中的淀粉水解为糖，便于漂洗除去。

3. 干燥、粉碎

漂洗完成后进行干燥，干燥条件同预处理一样，随后将干燥后的苹果粗渣粉碎至150～180 am（100目～80目）大小。

4. 水溶性膳食纤维提取

第一次提取时，加干果渣质量6～7倍的水，用食用柠檬酸调pH值至2.0，缓缓加热至95 ℃，保温1～1.5 h左右，水溶性膳食纤维在低pH值和高温下加速向水中溶解，提取1 h后过滤，水溶性膳食纤维存在于滤液中，残渣加其质量3～4倍水在相同条件下再提取一次，过滤得第二次滤液，合并两次所得滤液。

5. 水不溶性膳食纤维的提取

提取水溶性膳食纤维过滤所得滤渣中，不仅含有大量的膳食纤维，同时还含有部分杂质，所以滤渣需要再次经过除杂后方能得到纯度较高的水不溶性膳食纤维。除杂操作工艺为：先在滤渣中加入其质量7~8倍、pH值为12.0的氢氧化钠溶液，浸泡30 min，将碱溶性杂质溶出而除去，然后漂至中性，再用盐酸将pH值调至2.0，加热至60 ℃并保温1 h以除去酸溶性杂质，过滤收集滤渣，再漂洗至中性，所得滤渣即为精制水不溶性膳食纤维。

6. 脱色

由于苹果渣富含花青素，对膳食纤维的色泽有一定的影响，故应除去。其方法是加入其质量0.3%~0.4%含有黑曲霉制备的花青素酶（酶活力为40个单位），边加边搅拌，调整pH值为3.0~5.0，加热至55~60 ℃，40 min。脱色结束后，漂洗过滤除去溶液即可。

7. 干燥、活化处理

经上述处理后的苹果渣通过离心或压滤处理可得浅色滤饼，干燥至水分占总质量的6%~8%后进行功能活化处理。活化处理是制备高活性多功能膳食纤维的关键步骤，也是最难和最能体现技术水准的一步。活化处理包括膳食纤维内部组成成分的优化与重组以及膳食纤维某些暴露基团的包埋，以避免这些基团与矿物质元素相结合而影响机体内的矿物质代谢平衡。活化处理技术采取螺杆挤压技术，其原理是使物料在挤压机筒内受到强烈剪切作用后，纤维类大分子部分转化为非消化性的可溶性多糖。条件是：入料时按入料质量的10%添加水分，控制挤压温度在150 ℃左右，末端温度在135 ℃左右，挤压腔压力为0.5~1 MPa、螺杆转速100~120 r/min。经过活化处理后的苹果膳食纤维水溶性增加，功能作用加强。

8. 粉碎、包装

活化后的膳食纤维再经真空干燥处理，最后用高速粉碎机粉碎，过200目筛，即得高活性苹果膳食纤维。采用充氮气包装，可长期保藏。

（三）质量标准

1. 感观标准

（1）颜色：淡黄色且色泽均匀。

（2）香气：具有本品应有的水果淡香味。

（3）滋味：具有本品应有的滋味，无异味，入口咀嚼后很快软化，食后无不良感觉。

（4）组织及形态：膨松粉末状。

（5）杂质：无肉眼可见外来杂质。

2. 理化指标

（1）纤维总量 >70 g/100 g。

（2）水溶性膳食纤维 >10 g/100 g。

（3）蛋白质 <8 g/100 g。

（4）脂肪 <2 g/100 g。

（5）水分 <8 g/100 g。

（6）产品细度95%通过200目筛。

(7) 吸水膨胀率（g 水/g 样）>5.5。

(8) 膨胀力（mL/g）6～12。

(9) 砷 <0.2 mg/kg。

(10) 铅 <0.3 mg/kg。

3. 卫生指标

需符合《保健（功能）食品通用标准》（GB16740—1997）。菌落总数 <30 000 个/克；大肠杆菌 <90 个/克；致病菌不得检出。

三、注意事项

4 个因素对苹果膳食纤维提取率影响的主次顺序为：水温 > 漂洗时间 > 料液比 > α-淀粉酶用量，苹果膳食纤维提取的最佳工艺条件为：水温40 ℃，漂洗时间 120 min，α-淀粉酶用量2%，料液比 1:15。

【知识和技能考查】

一、填空题

1. 非水溶性纤维包括________、________、________，而________和________等属于水溶性纤维。

2. 膳食纤维可分为________、________和________。

3. 苹果渣中所含的成分，如________、________、________、________、________和________等需漂洗干净，以免影响产品的品质。

4. 根据生产原料不同，膳食纤维可分为________________和________________等。

5. 活化处理包括膳食纤维内部组成成分的________与________以及膳食纤维某些暴露基团的包埋。

6. ________中含有数量不等的各种膳食纤维素。

7. 膳食纤维摄入________会造成体内的 Ca^{2+}、Fe^{3+} 等的缺乏。

二、判断题

1. 膳食纤维属于多糖，糖尿病人不能食用。（　）

2. 多进食膳食纤维对人体有益。（　）

3. 水溶性膳食纤维包括木质素。（　）

4. 苹果膳食纤维的提取需要脱色。（　）

5. 苹果榨汁后制成的干制品中含有大量苹果纤维，纤维总含量为 70g/100g。（　）

6. 水不溶性膳食纤维素包括果胶。（　）

7. 苹果膳食纤维素干燥是将水分全部去除。（　）

8. 水溶性膳食纤维提取的加水量和水不溶性膳食纤维提取的加水量相同。（　）

三、选择题

1. 苹果刚榨完汁后得到的苹果渣中水分约占总质量的（　）左右。

(1) 70%　　(2) 75%　　(3) 80%　　(4) 85%

2. 果胶属于（　）。

(1) 单糖　(2) 多糖　(3) 双糖　(4) 寡糖

3. 除杂操作工艺为：先在滤渣中加入其质量 7～8 倍、pH 值为 12.0 的氢氧化钠溶液，浸泡（　）min。

(1) 40　(2) 30　(3) 20　(4) 10

4. 由于苹果渣富含（　），对膳食纤维的色泽有一定的影响。

(1) 叶绿素　(2) 花青素　(3) 类黄酮类　(4) 类胡萝卜素

5. 膳食纤维的资源非常广泛，主要存在于农产品及食品加工过程中的（　）中。

(1) 下脚料和废弃物　(2) 果仁

(3) 果肉　(4) 果皮

6. 纤维素主要存在于植物的（　）。

(1) 细胞核　(2) 细胞壁　(3) 细胞质　(4) 细胞膜

7. 与膳食纤维有关的疾病是（　）。

(1) 贫血病　(2) 脑膜炎

(3) 便秘与刺激性肠道综合症　(4) 肺结核

8. 不溶性膳食纤维不包括（　）。

(1) 纤维素　(2) 果胶　(3) 木质素　(4) 树胶

四、简答题

1. 苹果膳食纤维提取工艺的操作要点有哪些？
2. 膳食纤维如何分类，有哪些特性？
3. 膳食纤维的生理功能有哪些？
4. 用图文框表示苹果中膳食纤维提取的工艺流程。
5. 活化处理的原理及条件是什么？
6. 简述水不溶性膳食纤维的提取。
7. 苹果膳食纤维提取应注意哪些事项？

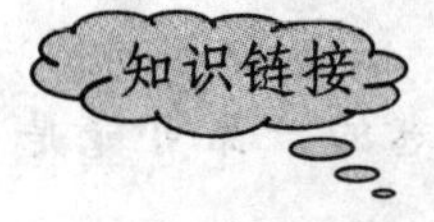

大豆异黄酮

1. 什么是大豆异黄酮

大豆异黄酮是黄酮类化合物中的一种，主要存在于豆科植物中，是大豆生长中形成的一类次级代谢产物。由于是从植物中提取的，与雌激素有相似结构，因此称为植物雌激素。大豆异黄酮的雌激素作用影响到激素分泌、代谢生物学活性、蛋白质合成、生长因子活性，是天然的癌症化学预防剂。益生大豆异黄酮是从非转基因大豆精制而成的生物活性物质，是一种具有多种重要生理活性的天然营养因子，是纯天然的植物雌激素，容易被人体吸收，能迅速补充营养。

异黄酮是一种弱的植物雌激素，大豆是人类获得异黄酮的唯一有效来源。在雌激素生理活性强的情况下，异黄酮能起抗雌激素作用，降低受雌激素激活的癌症如乳腺癌的风险，而当妇女绝经时期雌激素水平降低，异黄酮能起到替代作用，避免潮热等停经期症状发生。异黄酮的抗癌特性十分突出，能阻碍癌细胞的生长和扩散，而且只对癌细胞有作用，对正常细胞并无影响。异黄酮还是一种有效的抗氧化剂，能阻止氧自由基的生成，而氧自由基是一种强致癌因素。可见异黄酮的抗癌作用体现在多方面。

大豆异黄酮的生理特性是美国首先发现的，它是大豆生物活性物中最有医疗价值的活性成分。1999 年 1 月，美国癌症研究中心邀请诸多著名专家参与研究大豆中的天然活性物质具有抗癌效果的会议，专家们充分肯定大豆异黄酮中的雌激素是防癌、抗癌有效的活性物质，并确定大豆异黄酮具有以下的生理特性。

（1）具有抗溶血活性和抗真菌活性，有预防与抑制白血病、心血管疾病和骨质增生的生理功能。

（2）具有对结肠癌、肺癌、乳腺癌和前列腺癌的预防治疗的生理功能，是保健品和医药贵重的添加剂和成分。

因此，大豆异黄酮在保健食品和医药等领域将有很大的应用前景。

2. 如何科学选购大豆异黄酮

1）选择名牌或者品牌产品

不要选择特别便宜的产品，很多小企业弄虚作假，产品价格很低，产品质量很难有保证；也不要选择特别贵的产品，很多产品冒充国外品牌，价格非常高，产品质量也不一定有保证。

2）选择生产经营多年的产品

生产经营时间长，证明该企业的产品经过了市场的优胜劣汰选择，因为只有优质产品才能长期存活下去。没有经过市场长期选择的产品，产品质量靠不住。

3）选择产品标签上有明确的大豆异黄酮含量的产品

很多企业在标签上没有明确标明有效成分含量，是因为含量低，每天需服用 50～100 mg大豆异黄酮才有效果，而有的产品是用豆粉做的，有效成分不足，效果不好。

4）选择有防伪标志的产品

如果某品牌产品畅销，市场上可能会出现其假冒品，没有防伪标志的产品可能是假货。

5）选择非转基因的天然原料提取的产品

不建议大家选择进口或者假进口（国内生产挂上国外的商标）的大豆异黄酮产品，因为进口的是转基因大豆提取的产品，假进口的是欺骗老百姓的产品。有的不规范的制药企业也生产大豆异黄酮，为了提高产品效果，还有的企业往产品中添加激素。

6）从异黄酮的剂型上选择，要慎重选择或者不要选择软胶囊产品

（1）因为大豆异黄酮原料是粉状的，水溶性和脂溶性都不好，所以选择液态溶剂本身就不科学。

（2）软胶囊是用于保护易氧化、易发生变质药品或者保健品的，大豆异黄酮的稳定性很好，不容易氧化和变质，所以没有必要采取软胶囊包装。

（3）软胶囊的包装费用高于硬胶囊和片剂，所以软胶囊的成本高，不具有竞争力，如

果软胶囊产品价格很低，就值得怀疑。

(4) 目前市面上的大豆异黄酮软胶囊都不是透明的，多为粉色或灰色等，这是因为透明了会暴露产品缺陷。

因此，不建议大家购买软胶囊产品，大豆异黄酮还是硬胶囊和片剂比较好。如果胃肠道功能比较好的人，可以选择硬胶囊和片剂，如果胃肠道功能不好的人，最好是选择片剂产品。

参考文献

[1] 严佩峰. 果蔬加工技术 [M]. 北京：化学工业出版社，2008.
[2] 赵晨霞. 果蔬贮藏与加工 [M]. 北京：高等教育出版社，2007.
[3] 叶兴乾. 果品蔬菜加工工艺学 [M]. 北京：中国农业出版社，2002.
[4] 刘兴华，陈维信. 果品蔬菜贮藏运销学 [M]. 北京：中国农业出版社，2002.
[5] 蒋爱民，章超桦. 食品原料学 [M]. 北京：中国农业出版社，2000.
[6] 胡小松，蒲彪，廖小军. 软饮料工艺学 [M]. 北京：中国农业大学出版社，2002.
[7] 罗云波，蔡同一. 园艺产品贮藏加工学 [M]. 北京：中国农业大学出版社，2001.
[8] 李华. 现代葡萄酒工艺学 [M]. 西安：陕西人民出版社，2000.
[9] 曾凡坤. 果蔬加工工艺学 [M]. 成都：成都科技大学出版社，1996.
[10] 赵丽芹. 园艺产品贮藏加工学 [M]. 北京：中国轻工业出版社，2001.
[11] 赵晨霞. 果蔬储运与加工 [M]. 北京：中国农业出版社，2002.
[12] 赵晨霞. 果蔬贮藏加工技术 [M]. 北京：科学出版社，2004.
[13] 肖家捷. 果汁和蔬菜汁生产工艺学 [M]. 北京：中国轻工业出版社，1989.
[14] 杨天英. 果酒生产技术 [M]. 北京：中国轻工业出版社，2004.
[15] 王淑欣. 发酵食品生产技术 [M]. 北京：中国轻工业出版社，2009.
[16] 张惟广. 发酵食品工艺学 [M]. 北京：中国轻工业出版社，2007.
[17] 杨清香，于艳琴. 果蔬加工技术 [M]. 北京：化学工业出版社，2006.
[18] 祝战斌. 果蔬加工技术 [M]. 北京：化学工业出版社，2008.
[19] 刘新社，易诚. 果蔬贮藏与加工技术 [M]. 北京：化学工业出版社，2009.
[20] 尹明安. 果品蔬菜加工工艺学 [M]. 北京：化学工业出版社. 2010.
[21] 李秀娟. 食品加工技术 [M]. 北京：化学工业出版社. 2008.
[22] 李瑜. 复合果蔬汁配方与工艺 [M]. 北京：化学工业出版社. 2007.
[23] 朱珠. 软饮料加工技术 [M]. 北京：化学工业出版社. 2006.